Was ist eigentlich ein SAP® IDoc?

Versenden elektronischer Dokumente mit SAP

Claudia Jost

Willkommen bei Espresso Tutorials!

Unser Ziel ist es, SAP-Wissen wie einen Espresso zu servieren: Auf das Wesentliche verdichtete Informationen anstelle langatmiger Kompendien – für ein effektives Lernen an konkreten Fallbeispielen. Viele unserer Bücher enthalten zusätzlich Videos, mit denen Sie Schritt für Schritt die vermittelten Inhalte nachvollziehen können. Besuchen Sie unseren YouTube-Kanal mit einer umfangreichen Auswahl frei zugänglicher Videos:

https://www.youtube.com/user/EspressoTutorials.

Kennen Sie schon unser Forum? Hier erhalten Sie stets aktuelle Informationen zu Entwicklungen der SAP-Software, Hilfe zu Ihren Fragen und die Gelegenheit, mit anderen Anwendern zu diskutieren:

http://www.fico-forum.de.

Eine Auswahl weiterer Bücher von Espresso Tutorials:

- Jürgen Noe:
  Schnelleinstieg in den SAP® Query Designer mit Eclipse
  http://5159.espresso-tutorials.de
- Rüdiger Deppe: Schnelleinstieg in SAP® ABAP Objects
  http://5094.espresso-tutorials.com
- Ulrich Bähr, Axel Treusch: Praxisbuch SAP® Interactive Forms und Adobe LiveCycle Designer
  http://5158.espresso-tutorials.de
- Christoph Lordieck: SAP®-Schnelleinstieg:
  ABAP-Entwicklung in Eclipse
  http://5153.espresso-tutorials.de
- Christoph Lordieck: Praxishandbuch BOPF –
  das Business Object Processing Framework im neuen
  SAP® S/4HANA Programmiermodell
  http://5314.espresso-tutorials.de
- Sebastian Abshoff:
  Mobile Apps mit den SAP® Cloud Platform Mobile Services
  http://5345.espresso-tutorials.de
- Boris Rubarth: Schnittstellenprogrammierung in SAP® ABAP
  http://5361.espresso-tutorials.de

Bibliografische Information der Deutschen Nationalbibliothek
Die Deutsche Nationalbibliothek verzeichnet diese Publikation in der Deutschen Nationalbibliografie; detaillierte bibliografische Daten sind im Internet unter http://portal.dnb.de abrufbar.

Claudia Jost
Was ist eigentlich ein SAP® IDoc?
Versenden elektronischer Dokumente mit SAP

ISBN: 978-3-960129-95-0

Lektorat: Monika Hong

Korrektorat: Die Korrekturstube

Coverdesign: Philip Esch

Coverfoto: © D3Damon | ID 974002130 – istockphoto.com

Satz & Layout: Bernhard Edlmann Verlagsdienstleistungen, Raubling

1. Auflage 2020

URL: *www.espresso-tutorials.de*

Feedback:
Wir freuen uns über Fragen und Anmerkungen jeglicher Art. Bitte senden Sie diese an: *info@espresso-tutorials.com*.

Inhaltsverzeichnis

Vorwort

Mit diesem Buch möchte ich Ihnen Wissen und ein paar Tricks an die Hand geben, die Sie im täglichen Umgang mit dem elektronischen Datenaustausch benötigen oder die Ihnen helfen, den elektronischen Datenaustausch mit einem Geschäftspartner zu implementieren. Sie erhalten keine detaillierten Beschreibungen, wie Sie Partnervereinbarungen und Ports aufsetzen können (hierfür empfehle ich Ihnen das Buch »What on Earth is an SAP IDoc?« von Jelena Perfiljeva, ebenfalls erschienen bei Espresso Tutorials), dafür aber Wissen, das beim Prozess des Datenaustauschs hilfreich ist. Dieses Buch soll Sie bei der Diskussion über die Möglichkeiten der Verwendung von *SAP Intermediate Documents (SAP IDocs)* unterstützen und aufzeigen, welche Optionen es gibt, die individuellen Anforderungen Ihrer Geschäftspartner zu berücksichtigen. Gleichzeitig vermittelt es Ihnen technische Hintergründe, die Ihnen helfen, die Botschaften in IDocs zu entschlüsseln.

Danksagung

Als Erstes möchte ich mich bei Herrn Munzel von Espresso Tutorials bedanken, der mir wieder einmal die Gelegenheit gegeben hat, meine Erfahrungen mit SAP in einem Buch niederzuschreiben. Ein herzlicher Dank an seine Frau, die den Kontakt überhaupt erst hergestellt hat.

Ein weiterer Dank geht an Monika Hong, die dem Buch als Lektorin den letzten Schliff gegeben hat.

Danken möchte ich von Herzen dem »Systemadministrator meines Vertrauens«, der mich an die Technik herangeführt hat und mich immer wieder ermutigt, neugierig zu sein.

Schließlich möchte ich natürlich ganz besonders meiner Familie danken, die mich im Alltag und bei meinen Projekten unterstützt, indem sie mir den Rücken freihält.

Im Text verwenden wir Kästen, um wichtige Informationen besonders hervorzuheben. Jeder Kasten ist zusätzlich mit einem Piktogramm versehen, das diesen genauer klassifiziert:

Hinweis

Hinweise bieten praktische Tipps zum Umgang mit dem jeweiligen Thema.

Beispiel

Beispiele dienen dazu, ein Thema besser zu illustrieren.

Achtung

Warnungen weisen auf mögliche Fehlerquellen oder Stolpersteine im Zusammenhang mit einem Thema hin.

Die Form der Anrede

Um den Lesefluss nicht zu beeinträchtigen, wird im vorliegenden Buch bei personenbezogenen Substantiven und Pronomen zwar nur die gewohnte männliche Sprachform verwendet, stets aber die weibliche Form gleichermaßen mitgemeint.

Hinweis zum Urheberrecht

Sämtliche in diesem Buch abgedruckten Screenshots unterliegen dem Copyright der SAP SE. Alle Rechte an den Screenshots hält die SAP SE. Der Einfachheit halber haben wir im Rest des Buches darauf verzichtet, dies unter jedem Screenshot gesondert auszuweisen.

1 Einführung in die Verwendung von IDocs

Zu Beginn möchte ich Ihnen kurz nahebringen, warum Sie überhaupt über den elektronischen Versand von Nachrichten und Dokumenten nachdenken sollten.

Die zunehmende Globalisierung und Dezentralisierung von betriebswirtschaftlichen Prozessen bei gleichzeitiger physischer Trennung von Geschäftseinheiten stellen hohe Herausforderungen für die Datenkonsistenz in Unternehmen dar. Geschäftsprozesse sind nicht auf einzelne Unternehmensteile beschränkt, sondern werden in unterschiedlichen Abteilungen oder an verschiedenen Standorten durchgeführt. Der unternehmensinterne Datenverkehr muss deshalb schnell und aufwandsarm erfolgen.

Parallel dazu wird auch die Anbindung externer Geschäftspartner vorangetrieben. Die Gründe hierfür sind nahezu die gleichen wie die oben beschriebenen.

Dieses Tutorial soll Ihnen einen Überblick über den Aufbau von IDocs, die verschiedenen IDoc-Typen und die Verwendung dieser im Tagesgeschäft vermitteln. Ebenso sollen Sie nach der Lektüre dieses Buches in der Lage sein, Prozessoptimierungen anzustoßen, erste Recherchen im Fehlerfall durchzuführen und ggf. die Fehlerbehebung eigenständig durchzuführen. Im täglichen Umgang mit SAP und den damit verbundenen Prozessen wird es Ihnen helfen, mehr über die (technischen) Hintergründe und Grundlagen von automatisierten Prozessen sowie der elektronischen Datenverarbeitung zu wissen. Ich habe die Erfahrung gemacht, dass einige Systemadministratoren dazu neigen, Aufwände für Änderungen zu hoch anzusetzen, und auf diese Weise versuchen, manche Umsetzung, wenn nicht zu vermeiden, so aber doch zu verschieben. Dies trifft bei weitem nicht auf alle zu. Sollten Sie in Ihrem Geschäft jedoch auf ein solches Exemplar stoßen, so sind Sie mit diesem Buch in der Lage, zum einen einzuschätzen, ob eine Aufwandsaussage der umsetzenden Abteilung realistisch ist.

Zum anderen wird es Ihnen den Respekt der Technikexperten einbringen, wenn Sie die zur Umsetzung erforderlichen Schritte kennen und bei einem Change Request bereits hilfreiche Details mitgeben können.

Des Weiteren möchte ich Ihnen aufzeigen, was in der elektronischen Datenübermittlung möglich ist und wie Sie damit Ihr Tagesgeschäft von lästigen Arbeiten befreien können, um sich stattdessen auf höherwertige Herausforderungen zu konzentrieren.

Meine beruflichen Wurzeln allgemein sowie auch meine SAP-Wurzeln liegen im Bereich Materialmanagement (MM), deshalb werden Sie vermehrt Beispiele aus diesem Prozess finden. Wenn Sie eher mit der Komponente SD arbeiten, können Sie Sender und Empfänger gedanklich vertauschen, weil alles, was wir als Kunden als sinnvoll und hilfreich erachten, Ihr Kunde höchstwahrscheinlich ebenfalls wertschätzen wird.

Da Sie sich damit beschäftigen, mehr über den elektronischen Datenaustausch zu erfahren, setze ich voraus, dass Ihnen die grundsätzliche Verwendung von SAP vertraut ist, und werde die Bedeutung von Icons etc. nicht mehr im Detail beschreiben. Falls Sie zu diesem Thema weitere Informationen benötigen, möchte ich Ihnen das Buch »Schnelleinstieg in SAP« von Sydnie McConnell (2., erweiterte Auflage, Espresso Tutorials) ans Herz legen.

2 Was ist ein IDoc?

Einführend möchte ich Ihnen allgemeine Informationen zum IDoc, zu dem Aufbau und dem Inhalt der verschiedenen IDoc-Segmente sowie zur Versendung von IDocs liefern.

2.1 Was bedeutet elektronischer Datenaustausch?

Wenn ein Geschäftspartner Sie um die Einführung eines elektronischen Datenaustauschs bittet, kann dies darin begründet liegen, dass er als Naturschützer den Papierverbrauch senken möchte. Am wahrscheinlichsten ist jedoch, dass Ihr Kunde oder Lieferant, Ihre Bank oder welcher Dienstleister es auch immer sein mag, daran interessiert ist, Aufwand zu reduzieren. Es heißt, im Bereich des elektronischen Versands von Dokumenten ist derjenige im Vorteil, der auf der empfangenden Seite steht, da ihn der definierte Aufbau der Belege in die Lage versetzt, Informationen automatisiert in das eigene System zu übernehmen und dort zu verarbeiten. Aber auch im geschäftlichen Bereich besteht das Leben aus Geben und Nehmen; und es gibt nur wenige Dokumente, die man selbst erhält und die keine Rückmeldung erwarten. Deshalb sollten Sie diese Gelegenheit nutzen, um den Austausch von Geschäftsbelegen und Information weitestgehend auf elektronischem Wege zu realisieren.

Im besten Fall führt dies dazu, dass Mitarbeiter, die sich zuvor mit der Eingabe von Kundenbestellungen oder Auftragsbestätigungen von Lieferanten beschäftigt haben, nun Freiräume gewinnen, um sich anspruchsvolleren Tätigkeiten zuzuwenden.

Ein weiterer sehr guter Grund für die Umstellung auf den elektronischen Datenverkehr ist die dadurch zunehmende Prozessqualität. Sobald ein Mitarbeiter Daten manuell erfassen muss, besteht die Gefahr fehlerhafter Eingaben, sei es durch Zahlendreher oder eine Unaufmerksamkeit. Im Zweifel führt ein Antwortdokument (z. B. eine Auftragsbestätigung), das auf einem nicht korrekt ausgefüllten Dokument basiert, z. B. mindestens zu einer Rückfrage des Kunden, die eine Unterbrechung der Tagesarbeit bedeutet und möglicherweise eine langwierige Recherche nach sich zieht. Im schlimmsten Fall kann es aber verzögerte Auslieferungen, einen verspäteten Rechnungsausgleich oder aber die Lieferung eines falschen Produkts nach sich ziehen.

Wer im Zusammenhang mit SAP über den elektronischen Datenaustausch spricht, meint vorrangig die Versendung von IDocs. Dabei handelt es sich um das zentrale Datenaustauschformat zwischen moderneren SAP-Systemen. IDocs werden über ALE (Application Link Enabling) ausgetauscht und können sowohl empfangen als auch gesendet werden.

2.2 Definitionen und Beschreibungen

IDoc: IDoc steht für *Intermediate Document* und ist das zentrale Datenaustauschformat für elektronischen Datenverkehr innerhalb von SAP-Systemen oder zwischen SAP-Systemen und anderen Systemen. Es kann dafür verwendet werden, Geschäftsdokumente sowohl zu importieren als auch zu exportieren. Die Struktur der IDocs ist definiert, ebenso die Inhalte der Datenfelder, sodass der Empfänger des Datensatzes diesen automatisiert verarbeiten kann.

Trotz »Definition«: Fragen Sie lieber nach!

Auch wenn ich von definierten Feldern spreche, werden Sie im Alltagsgeschäft immer wieder auf Geschäftspartner treffen, die Felder, die für Sie eigentlich klar definiert sind, anders interpretieren.

So kann es sich beim Feld »Lieferdatum« sowohl um ein Anliefer- als auch um ein Auslieferdatum handeln. Wie im restlichen Leben gilt hier gleichfalls: Es hilft, wenn beide Seiten darüber sprechen, was unter welcher Information zu verstehen ist.

Inbound: Mit Inbound bezeichnet man alle Nachrichten, die in Ihrem System eintreffen, die SAP spricht auch vom »Nachrichteneingang«. Ihr SAP-System ist in diesem Fall der Empfänger. Ein vorgelagertes System sendet das IDoc an die Schnittstelle für Electronic Data Interchange (EDI-Schnittstelle) bzw. ALE-Dienste. Das vorgelagerte System ist entweder das System Ihres Geschäftspartners oder Unternehmensbereichs oder ein Dienstleister, der eingehende Nachrichten in Ihrem Namen empfängt, diese eventuell aufbereitet und an Ihr System weiterleitet. Je nachdem, wie das Customizing für diesen Nachrichtentyp aufgebaut ist, wird der Beleg entweder direkt an die Anwendung übergeben, oder aber es wird ein Workflow gestartet, der einen Beleg erzeugt und diesen an die Anwendung übergibt (siehe Abbildung 2.1).

Abbildung 2.1: Aufbau des Inboundversands

Outbound: Mit Outbound sind die Nachrichten gemeint, die Sie aus Ihrem SAP-System zu Ihrem Geschäftspartner oder anderen Unternehmensbereichen senden, die SAP spricht hier auch vom »Nachrichtenausgang«. Ihr SAP-System ist in diesem Fall der Sender. Analog zur Eingangsverarbeitung bestehen wiederum zwei Möglichkeiten der Weiterleitung: Entweder wird das IDoc direkt an die IDoc-Schnittstelle übergeben und dann an das empfangende System, oder es wird über die Nachrichtensteuerung ermittelt, welcher Kommunikationsweg dieser Nachricht und diesem Geschäftspartner zugeordnet ist. Anschließend erzeugt das System gemäß dem Datensatz in der Nachrichtensteuerung ein IDoc, welches das System zunächst an die IDoc-Schnittstelle übergibt und dann an das System des Nachrichtenempfängers (siehe Abbildung 2.2).

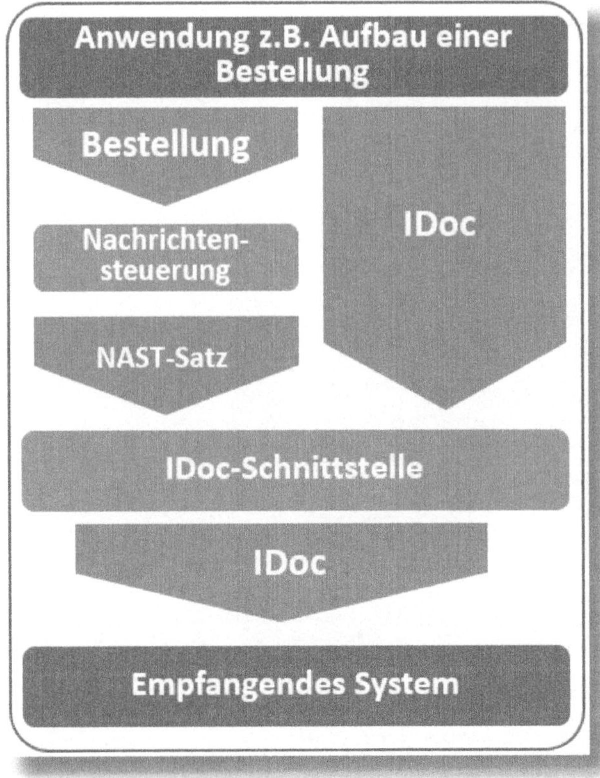

Abbildung 2.2: Aufbau des Outboundversands

ALE: Application Link Enabling ist eine Integrationstechnologie, die dazu dient, dass das SAP-System mit anderen SAP-Systemen oder mit Softwaresystemen anderer Hersteller agieren kann. ALE unterstützt damit den Betrieb verteilter Anwendungen. Der grundsätzliche Aufbau eines IDocs wird durch den ALE-Baustein übernommen. ALE ist eine Middleware, die entsprechend einem Verteilungsmodell Nachrichten zwischen den Systemen organisiert. Im Verteilungsmodell wird festgelegt, welche Daten in welchem Nachrichtentyp versendet und empfangen werden.

Das Hauptaugenmerk liegt auf dem kontrollierten Datenaustausch mit dem Fokus auf der Konsistenz der Daten. Dabei sind die Funktionen zur Überwachung des Datenverkehrs und die Behebung von Fehlern bereits integriert. Außer zum Lesen von Daten erfolgt der Datenaustausch asynchron, sodass eine Übermittlung an das Empfängersystem sichergestellt werden kann. In der folgenden Abbildung 2.3 finden Sie eine vereinfachte Darstellung, wie eine Struktur aussehen kann und welche Daten sowohl standortspezifisch als auch unternehmensübergreifend erhoben werden.

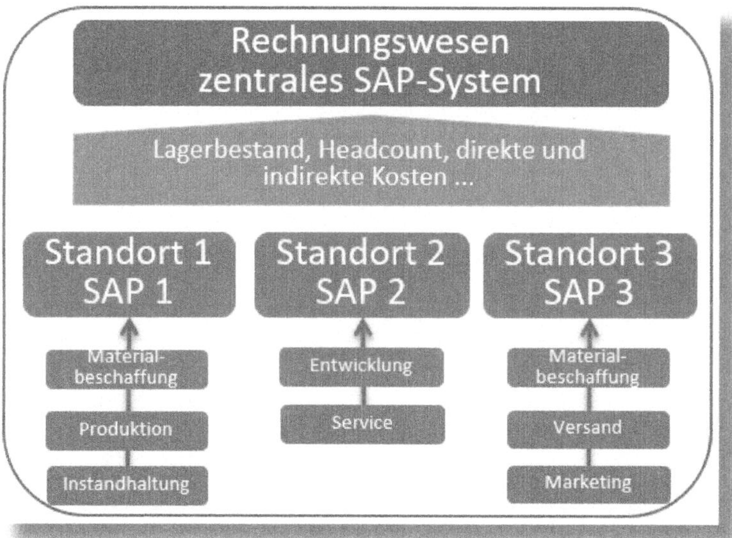

Abbildung 2.3: ALE-Kommunikation zwischen Unternehmensbereichen

Synchroner und asynchroner Datenaustausch

Beim synchronen Datenaustausch werden die Daten nicht zwischengespeichert, sondern direkt im Empfängersystem verarbeitet. In den meisten Fällen wird dann auch eine direkte Antwort erwartet, wie z. B. bei der Abfrage von Konto- oder Lagerbeständen.

Bei der asynchronen Übermittlung werden die Daten mehrmals zwischengespeichert und erst zu einem späteren Zeitpunkt im Empfängersystem verarbeitet. Beispiele hierfür sind Überweisungen/Zahlungsanweisungen oder die Übertragung von Stammdaten.

Nachrichtentyp: Der Nachrichtentyp gibt an, welche Art von Information übermittelt wird, beispielsweise eine Vertriebs- oder Beschaffungsbestellung (Nachrichtentyp ORDERS). Beim Nachrichtentyp Bestellbestätigung handelt es sich um den gleichen IDoc-Typ, nämlich ORDERS. Wie die Nachricht vom empfangenden System interpretiert wird, hängt von den Informationen im *Kopfsatz* des IDocs ab.

IDoc-Typ: Der IDoc-Typ gibt an, um welche spezielle Ausprägung des Nachrichtentyps es sich handelt. So können Sender und Empfänger über verschiedene SAP-Versionen verfügen. Durch die Einigung auf einen IDoc-Typ kann gewährleistet werden, dass ein älteres System Daten mit einem neueren System austauschen kann (ORDERS01, ORDERS02 usw.). Der IDoc-Typ wird durch die erlaubten Segmentfelder definiert.

Logischer Nachrichtentyp: Der logische Nachrichtentyp definiert das Geschäftsdokument. So kann dem IDoc-Typ ORDERS05 zum Beispiel eine Bestellung (logischer Nachrichtentyp ORDERS), eine Bestellbestätigung (logischer Nachrichtentyp ORDRSP) oder ein Angebot (logischer Nachrichtentyp QUOTE) zugeordnet werden.

Segmente: Segmente enthalten die eigentliche Information, die übermittelt werden soll. Segmente sind hierarchisch aufgebaut (Eltern-Kind-Beziehung). Der Segmenttyp wird durch den IDoc-Typ bestimmt.

Qualifier: Der Qualifier definiert, wie ein Datenfeld interpretiert werden soll. Er legt beispielsweise fest, ob es sich bei einer Materialnummer um diejenige des Lieferanten oder des Kunden handelt. Zudem bestimmt er, ob sich ein Datum auf ein Lieferdatum bezieht, das vom Lieferanten bestätigt wurde, oder auf ein Wunschlieferdatum des Kunden bzw. auf das Bestelldatum.

Funktionsbaustein (FB): Der Funktionsbaustein erzeugt bei einer ausgehenden Nachricht ein IDoc. Bei einer eingehenden Nachricht wandelt der FB die Nachricht in den entsprechenden SAP-Beleg um. So wird beispielsweise eine eingehende Nachricht des Typs ORDERS in einen Vertriebsauftrag umgewandelt. IDocs können auch die Erstellung von Stammdaten anstoßen. Durch den Nachrichtentyp MATMAS kann z. B. ein Materialstammsatz angelegt werden.

Insgesamt stellt sich der Aufbau des IDocs folgendermaßen dar (siehe Abbildung 2.4).

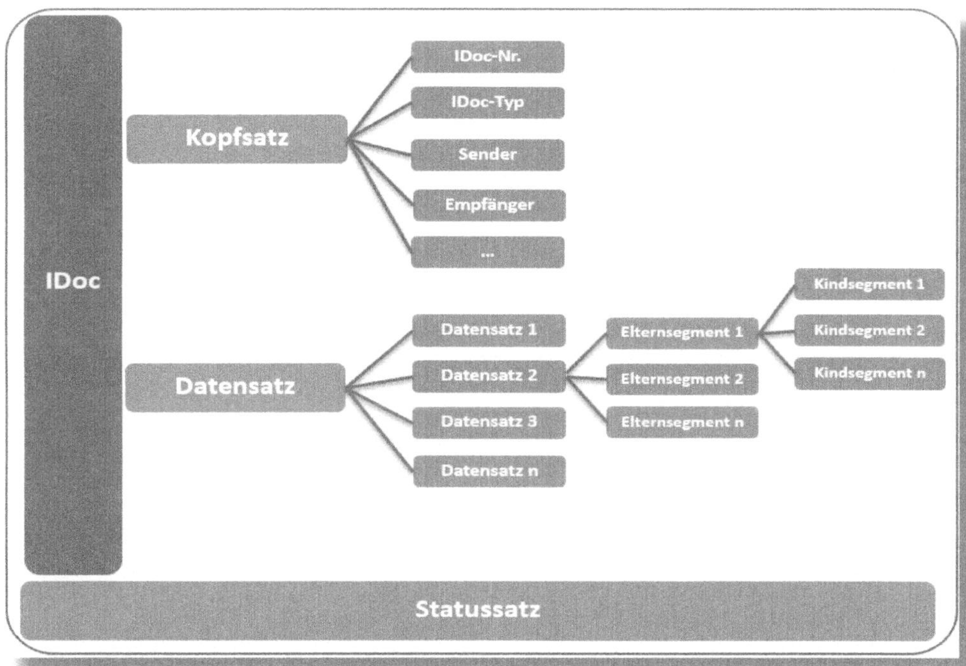

Abbildung 2.4: Aufbau eines IDocs

2.3 Bedeutung der verschiedenen Segmente im IDoc

Wenn Sie ein IDoc in SAP aufrufen, sieht es auf den ersten Blick unübersichtlich aus (siehe Abbildung 2.5). Haben Sie sich jedoch einmal mit dem Aufbau vertraut gemacht, werden Sie sehr schnell die gesuchte Informationen im Dokument finden.

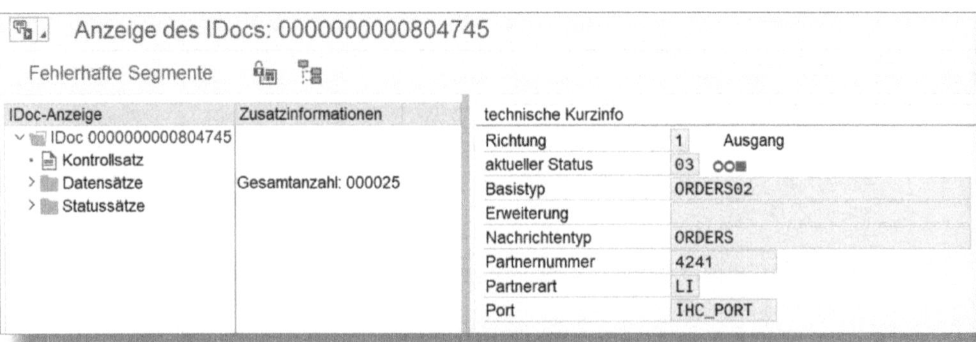

Abbildung 2.5: Aufbau eines IDocs – Einstieg

IDocs sind hierarchisch aufgebaut, man spricht von einer Eltern-Kind-Beziehung. Kindsegmente können verschiedenen Eltern zugeordnet werden, beispielsweise ist in Abbildung 2.6 unter ❷ das Segment E1EDP20 (Belegposition Einteilungen) Kindsegment von Segment E1EDP01 (Belegposition Daten allgemein) unter ❶.

Das Kindsegment kann sowohl mehreren Positionen als auch unterschiedlichen Segmenttypen zugeordnet werden.

Abbildung 2.6: Aufbau eines IDocs – Eltern-Kind-Beziehung

Durch einen Doppelklick auf ein Segment erhalten Sie detailliertere Informationen (siehe Abbildung 2.7).

Inhalt des ausgewählten Segments

Feldname	Feldinhalt
PARVW	LF
PARTN	0000004241
TELF1	0123 456 789
SPRAS	D
BNAME	Eduard
SPRAS_ISO	DE

Abbildung 2.7: Aufbau eines IDocs – Inhalt des Segments

Das oben abgebildete Beispiel zeigt das Segment E1EDKA1 LF. In diesem Segment werden die Informationen zum Lieferanten bereitgestellt:

PARVW = Partnerrolle – in diesem Fall Lieferant

PARTN = Partnernummer – in diesem Fall die Lieferantennummer aus dem SAP-System

TELF1 = Telefonnummer 1 – die Telefonnummer des Lieferanten

SPRAS = vereinbarte Kommunikationssprache, D steht für Deutsch

BNAME = Bestellername – Eduard hat in diesem Fall eine Bestellung bestätigt

SPRAS_ISO = ISO-Code für die Sprache, dieser ist weltweit einheitlich

Mit einiger Erfahrung werden diese Informationen für Sie leicht interpretierbar und somit auch das IDoc lesbar und verständlich.

Wie bereits erwähnt, besteht das IDoc aus drei Segmenten, die ich im Folgenden näher erklären werde:

1. *Kopfsatz*: Dieser enthält alle Informationen, die benötigt werden, um die Daten im Datensatz dem richtigen Geschäftspartner oder Geschäftsprozess zuzuordnen. Dazu zählen folgende Informationen:

   - IDoc-Nummer, eindeutig
   - Nachrichtentyp
   - IDoc-Typ
   - Absender
   - Empfänger
   - Erstelldatum und -zeit
   - Änderungsdatum und -zeit

   Analog zum postalischen Versand von Geschäftsunterlagen kann man hier auch vom »Umschlag« sprechen.

2. *Datensatz*: Geschäftsdokument, das spezifische Informationen enthält, wie z. B. folgende:

   - Buchungsnummer, Bestellnummer, Referenz
   - Steuernummer
   - Materialnummer
   - Betrag
   - Währung
   - Liefertermin
   - Kontonummer

   Diese Liste ist beliebig erweiterbar. Da IDocs für eine Vielzahl von Geschäftsbelegen ausgetauscht werden können, ist es wichtig zu wissen, dass der Datensatz alle Daten umfasst, die für den jeweiligen Geschäftsprozess erforderlich sind und die Sie auch auf dem papierhaften Beleg vorfinden.

3. *Statussatz*: An welchem Punkt der Verarbeitung das IDoc angelangt ist, können Sie dem Statussatz entnehmen. Der Statussatz ist eine zweistellige Zahl von 00 bis 75. Grundsätzlich wird hierbei zwischen ausgehenden (Status 00 bis Status 42) und eingehenden IDocs (Status 50 bis Status 75) unterschieden. Die Statusinformation hilft Ihnen nachzuvollziehen, in welchem Prozessschritt sich das IDoc befindet oder welcher Grund für eine nicht erfolgte Verarbeitung vorliegt.

   Anhand der Statusmeldung können Sie im Fehlerfall entscheiden, an welcher Stelle Sie mit der Recherche beginnen, um den Fehler zu beheben. Die Statusmeldung können Sie darüber hinaus in der Diskussion mit Ihrem Geschäftspartner nutzen, falls dieser Nachrichten nicht erhalten hat, diese aber aus Ihrem System fehlerfrei versendet wurden.

2.3.1 IDoc-Status

Ein IDoc durchläuft nach der Erzeugung bei Ausgangs-IDocs oder dem Empfang bei Eingangs-IDocs verschiedene Prozessschritte. Diese werden im *IDoc-Status* dokumentiert. Wenn Sie beispielsweise eine Bestellung per IDoc versenden, wird im Statussatz des IDocs nicht nur angezeigt, dass die Nachricht versendet wurde, sondern es werden zusätzlich alle dazwischenliegenden Prozessschritte aufgeführt, die potenziell zu einem Fehler führen können (siehe Abbildung 2.8).

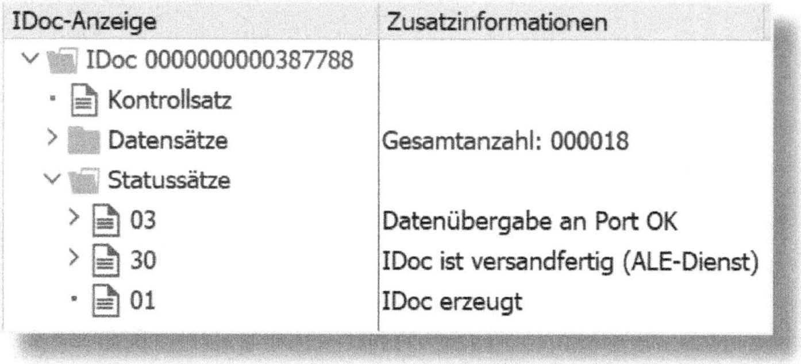

IDoc-Anzeige	Zusatzinformationen
IDoc 0000000000387788	
Kontrollsatz	
Datensätze	Gesamtanzahl: 000018
Statussätze	
03	Datenübergabe an Port OK
30	IDoc ist versandfertig (ALE-Dienst)
01	IDoc erzeugt

Abbildung 2.8: IDoc-Status – Prozessschritte

Durch diese granulare Darstellung ist sichergestellt, dass Sie alle relevanten Stufen der Verarbeitung im Monitoring beobachten und ggf. korrigieren können. Im Falle von Ausgangsnachrichten ist oftmals auch ein Handshake vereinbart, was bedeutet, dass vom empfangenden System Statusnachrichten erzeugt werden.

Wenn ein Kunde Ihnen einen Auftrag per EDI zusendet, ist für ihn nicht nur das Wissen bedeutsam, dass die Nachricht das eigene System verlassen hat und im Empfängersystem angekommen ist, vielmehr benötigt er auch Gewissheit darüber, dass die Nachricht von Ihrem System verarbeitet werden kann. Deshalb sendet das empfangende System ebenfalls Statusnachrichten, damit der Versender der Nachricht den Verlauf der Nachrichtenverarbeitung im empfangenden System überprüfen kann.

Wenn im Prozess des elektronischen Datenaustauschs ein Dienstleister zwischengeschaltet ist, da Sie das eigene System nicht mit zusätzlichen Meldungen belasten wollen, werden diese Statusmeldungen vom Dienstleister beobachtet und im Fehlerfall zur weiteren Verarbeitung direkt an den entsprechenden Partner weitergeleitet.

3 Grundlagen zur Implemtierung des elektronischen Datenaustauschs

In diesem Kapitel erfahren Sie, welche Voraussetzungen geschaffen werden müssen, damit Sie mit internen oder externen Geschäftspartnern elektronische Dokumente austauschen können.

3.1 IDoc-Schnittstelle

Damit die per IDoc übermittelten Daten im SAP-System verarbeitet werden können, werden drei IDoc-Schnittstellen benötigt:

- **Ausgangsverarbeitung**: Bei der Ausgangsverarbeitung kann die Erzeugung des IDocs sowohl auf indirektem als auch auf direktem Weg erfolgen. Bei der Wahl des *indirekten* Wegs wird der Geschäftsbeleg an die Nachrichtensteuerung (NAST) weitergeleitet. Diese Option bietet den Vorteil, dass in der NAST auch mehrere Ausgabemöglichkeiten für einen Geschäftsbeleg definiert werden können und somit neben der Erstellung des elektronischen Belegs beispielsweise auch das Erzeugen einer Druckdatei möglich ist. Bei der *direkten* Option erstellt die Anwendung direkt ein IDoc, das an die IDoc-Schnittstelle weitergegeben wird.

Erstellung von zwei verschiedenen Ausgabebelegen

Im Tagesgeschäft kann ein Sachbearbeiter bei der Erstellung von Ausgangsrechnungen die Datei für die einfachere elektronische Verarbeitung und sichere Übermittlung an den Kunden senden und gleichzeitig auf dem ihm zugeordneten Drucker einen Papierbeleg erzeugen lassen. Dies ist zwar keine besonders elegante Lösung, berücksichtigt aber die Belange der Mitarbeiter, für die eine Ablage in Papierform wichtig ist. Eine ähnliche Vorgehensweise wäre auch für die nachträgliche Freigabe von Bestellungen vorstellbar.

- **Eingangsverarbeitung**: Voraussetzung für die Eingangsverarbeitung ist, dass das empfangende System den Port kennt, von dem das Dokument übergeben wird. Ist dies der Fall, wird das IDoc an die IDoc-Schnittstelle übermittelt. Auch hier wird zwischen einem direkten und einem indirekten Weg unterschieden.

  Beim *direkten* Weg wird der Beleg aus der IDoc-Schnittstelle an die Anwendung übergeben, d. h., es gibt einen Funktionsbaustein, der das IDoc in den entsprechenden Anwendungsbeleg überführt.

  Beim *indirekten* Weg wird das IDoc der Anwendung über einen Workflow zugeordnet, und dem Empfänger wird über den *Business Workplace* die Ausführung angeboten.

Warum werden nicht alle eingehenden IDocs direkt an die Anwendung übergeben?

Der Grund hierfür liegt darin, dass gerade beim Austausch elektronischer Belege mit externen Geschäftspartnern nicht alle Geschäftspartner die gleichen Nachrichtenarten und -typen nutzen bzw. deren Verwendung in der Zusammenarbeit mit manchen Geschäftspartnern nicht gleich sinnvoll ist.

Deshalb wird vor allem in diesem Bereich der indirekte Weg bevorzugt. Bei Belegen, die per IDoc innerhalb des Unternehmens ausgetauscht werden, ist der direkte Weg der sinnvollere, da hier nur über eine Kommunikationsschiene gearbeitet wird.

- **Statusverarbeitung**: Die Statusverarbeitung zeigt an, welche Verarbeitungsstationen das IDoc passiert hat.

  Auf diese Weise kann die Fehlerbehebung an der richtigen Station erfolgen. Im Falle von Kommunikationsfehlern wird die Ausnahmebehandlung gestartet. Dies geschieht am besten über einen Workflow, der dem verantwortlichen Mitarbeiter die Statusnachricht zuordnet.

Aufbau der Ausnahmebehandlung

Die Information über die Ausnahme erfolgt über das Fehlerbild.

Wenn die Nachricht an einen definierten Partner einen Fehler enthält, wird der Mitarbeiter informiert, der für die Aus- bzw. Eingangspartnervereinbarung verantwortlich ist. Wenn der Fehler einen Partner, aber keine konkrete Nachricht betrifft, wird ein Workitem an die Stelle weitergeleitet, die die allgemeinen Partnervereinbarungen erstellt. Wenn der Fehler in der IDoc-Schnittstelle auftaucht, muss die IDoc-Administration tätig werden. Nicht in jedem Unternehmen handelt es sich hierbei um drei verschiedene Personen oder Positionen.

3.2 Definition des Ports

Wie bei einem Seehafen ist ein *Port* eine Abladestelle (Eingang) oder Übergabestelle (Ausgang) von IDocs und realisiert die Kommunikation zwischen den Systemen. Ein IDoc-Port kann für mehrere Geschäftspartner und verschiedene Nachrichten- und IDoc-Typen verwendet werden. Es muss je externem System (Folgesystem) ein Port eingerichtet werden. Die Wahl des Porttyps hängt von den technischen Möglichkeiten des externen Systems und von der geplanten Datennutzung ab. Die drei am häufigsten eingesetzten Porttypen sind folgende:

- *Dateischnittstelle*: Dieser Port wird für den Austausch von EDI-Nachrichten verwendet, da die meisten EDI-Subsysteme das IDoc als sequenzielle Datei lesen. Als Grundlage für die Dateischnittstelle dienen die Definitionen der Datenstruktur und der Verarbeitungslogik.
- *Transaktionaler Remote Function Call (transaktionaler RFC oder tRFC)*: SAP-Schnittstellenprotokoll, mit dem vordefinierte Funktionen in einem entfernten System, aber auch innerhalb desselben Systems aufgerufen und ausgeführt werden können. Das aufgerufene System muss in diesem Fall nicht

verfügbar sein, der Auftrag bleibt bei Nichtverfügbarkeit in der Warteschlange stehen. Dabei übernimmt der RFC die Kommunikationssteuerung, die Parameterübergabe und die Ausnahmebehandlung. Eine detaillierte Beschreibung, wie ein RFC-Port aufgesetzt wird, finden Sie in dem Buch »Schnittstellenprogrammierung in SAP ABAP« von Dr. Boris Rubarth (Espresso Tutorials).

- *Extensible Markup Language (XML)*: Format für den Austausch hierarchisch strukturierter Informationen. Dieser Port wird hauptsächlich für Bereiche des E-Commerce verwendet, da IDocs in diesem Format bei einem entsprechenden Internetbrowser sofort angezeigt werden können.

Man unterscheidet in der IT zwischen logischen und physischen Ports. Logisch ist hier eher in einem abstrakten Sinn zu verstehen; der logische Port ist nicht körperlich vorhanden, sondern bildet ein virtuelles Bindeglied zu einem tatsächlich vorhandenen Port: dem physischen Port als eigentliche Verbindung zwischen zwei Systemen.

Vorteile bei der Nutzung logischer Ports

Bei der Definition eines Pfades erweist es sich als praktisch, wenn der Pfadname für verschiedene Ports wiederverwendet werden kann. Wenn sich in einem klassischen SAP-Systemaufbau mit Entwicklungs-, Test- und Produktivsystem etwa der physische Port ändert, beispielsweise vom Entwicklungs- zum Testsystem, so muss nur der logische Port einmalig geändert werden.

Die Erstellung eines Ports wird in Abschnitt 4.3 beschrieben.

3.3 Partnervereinbarung

In der Partnervereinbarung werden die Nachrichtenarten definiert, die mit dem Geschäftspartner ausgetauscht werden. Je Nachrichtenart wird auch definiert, wer Sender und wer Empfänger ist. Ebenso wird festgelegt, wie eingehende Nachrichten verarbeitet werden.

Es ist selbstverständlich, dass für den Aufbau der Partnervereinbarung ein Stammdatensatz für den Partner im System vorhanden sein muss (z. B. Kreditorenstammsatz, Debitorenstammsatz). Da Sie dem Partner in der Partnervereinbarung einen Port zuordnen müssen, müssen Sie zuvor einen Port angelegt haben.

Es gibt verschiedene Arten von Partnern, die Sie bei der Erstellung der Partnervereinbarung auswählen können, z. B. Lieferant, Kunde oder logisches System.

Zu den Partnervereinbarungen gelangen Sie über die Transaktion *WE20*. Weitere Informationen finden Sie unter Abschnitt 4.4.

3.4 Nachrichtensteuerung

Im SAP-System sind bereits viele Formulare für gängige Geschäftsprozesse angelegt. Im Bereich Materialmanagement ist dies beispielsweise die Bestellung oder im Vertrieb die Auslieferung bzw. die Faktura.

Die Ausgabe dieser Geschäftsbelege kann über eine Konditionssteuerung erfolgen. Die Konditionstechnik basiert auf Konditionstabellen, in denen die relevanten Parameter gesucht werden, z. B. die Nachrichtenart (siehe Abbildung 3.1). Im Folgenden führe ich Sie durch die Erstellung einer Kondition für die Nachrichtenart *NEU* im Bereich der Bestellungen. Sie gelangen zur Nachrichtensteuerung über die Transaktion *MN05*.

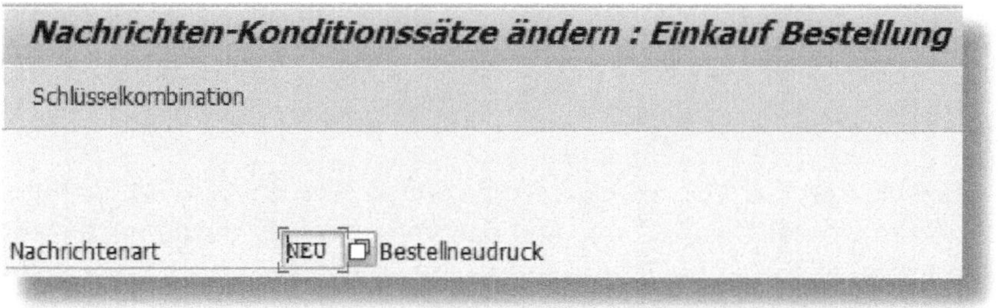

Abbildung 3.1: Nachrichtensteuerung – Definition der Nachrichtenart

Die Auswahl der Nachrichtenart ist für alle Schlüsselkombinationen zwingend erforderlich. Weitere Nachrichtenarten (siehe Abbildung 3.2) sind die *Auftragsbestätigungsmahnung*, die *Mahnung* im Falle einer Nichtlieferung oder die *Erinnerung*. Natürlich können Sie je nach Prozess im Customizing auch weitere Nachrichten definieren.

KArt	Bezeichnung
AUFB	Auftragsbest.mahnung
ERIN	Erinnerung
EVEN	
MAHN	Mahnung
MAIL	Mailausgabe
NEU	Bestellneudruck
NEUS	Bestellneudruck

Abbildung 3.2: Nachrichtensteuerung – Nachrichtenarten

Dieser Nachrichtenart können Sie unterschiedliche Ausgabemedien und Ausgabezeitpunkte zuordnen. Die Definition der Kondition erfolgt hierarchisch über die SCHLÜSSELKOMBINATION (siehe Abbildung 3.3).

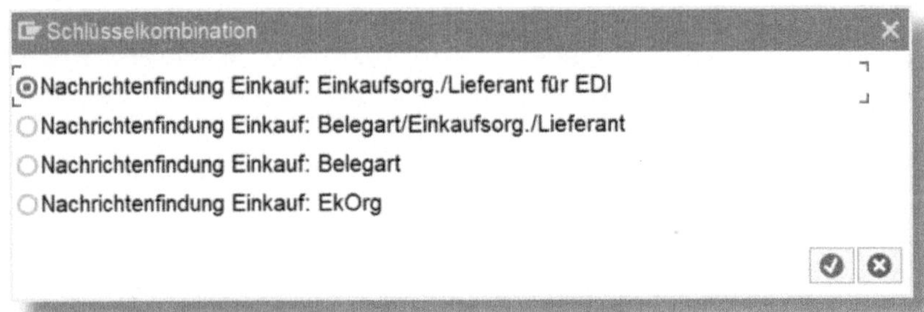

Abbildung 3.3: Nachrichtensteuerung – Schlüsselkombination

Mithilfe der *Schlüsselkombination* können Sie im SAP-System die Hierarchie der Datenhaltung und das Vorgehen der Suche nach einer entsprechenden Kondition steuern. So erfolgt die Suche im System vom Speziellen zum Allgemeinen, sodass in diesem Fall zuerst nach einer Kondition für die Einkaufsorganisation und einem Lieferanten gesucht wird, der die Nachricht per EDI erhält. Wenn für beides keine Kondition angelegt ist, wird im nächsten Schritt geprüft, ob für die Kombination Belegart, Einkaufsorganisation und Lieferant eine Kondition existiert.

Mit Wahl der beiden unteren Optionen wird kontrolliert, ob eine Kondition für die Belegart bzw. die Einkaufsorganisation vorliegt. Wenn Sie bei der ersten Einstellung der Nachrichtensteuerung eine Kondition auf der niedrigsten Ebene einstellen, in diesem Fall ist das die Einkaufsorganisation (EKOrg), können Sie sicherstellen, dass eine Bestellung (Belegart) auf jeden Fall auf einem Drucker ausgegeben wird. Wenn Sie mit Lieferanten andere Vereinbarungen treffen, können Sie diese auch im System eingeben. Die allgemeine Kondition kommt dann nicht mehr zum Tragen.

SAP-Konditionen

Die grundsätzliche Logik des Aufbaus der Konditionen ist auch in anderen SAP-Funktionen analog zur Nachrichtensteuerung.

Wenn Sie die unterste Stufe der Nachrichtenfindung aktivieren, können Sie für eine *Einkaufsorganisation* festlegen, welches Sendemedium eine Nachricht verarbeiten soll.

Ein sinnvoller Einsatz dieser Einstellung kann z. B. die Verwendung unterschiedlicher Sendemedien für verschiedene Einkaufsorganisationen sein. Dies gilt besonders für den internen Nachrichtenverkehr.

Wenn Werk 1 Material bei Werk 2 bestellt, sollte dies mit möglichst geringem Aufwand für die Mitarbeiter geschehen; daraus folgt, dass eine elektronische Verarbeitung dieser Nachrichten zu bevorzugen ist. Dies bedeutet, dass Sie für den internen Bestellverkehr eine neue Einkaufsorganisation für Werk 1 definieren und in der Nachrichtensteuerung festlegen, dass alle Bestellneudrucke von Werk 1 über EDI verarbeitet werden.

Erstellung von Nachrichten

Damit mit dem Speichern der Anwendung auch tatsächlich ein Beleg erstellt wird, muss dem Benutzer im Customizing ein Ausgabegerät zugeordnet werden. Dies ist meistens der lokale Drucker, d. h. der Drucker, den der Anwender für seinen PC als Standarddrucker definiert hat.

Die nächste Möglichkeit, eine Nachrichtenfindung einzustellen, ist die Definition des Sendemediums in Abhängigkeit von der *Belegart*. Um sicherzugehen, dass alle Bestellungen und anderen Nachrichten ausgegeben werden, sollte unabhängig von der Einkaufsorganisation die Druckausgabe für jede *Belegart* festgelegt werden.

Nachrichtenart und Belegart

Um die verschiedenen Einstellungen zuordnen zu können, ist es wichtig, dass Sie den Unterschied zwischen einer Nachrichtenart (also NEU, MAHN, ERINN) und der Belegart kommunizieren. So kann die Belegart beispielsweise für die Nachrichtenart NEU noch feiner definiert werden, etwa als Umlagerungsbestellung, Rahmenbestellung, Mengenkontrakt usw. Inwieweit Sie diese Feinjustierung nutzen, liegt immer an Ihren internen Prozessen sowie an den Vereinbarungen, die Sie mit Ihren Geschäftspartnern getroffen haben.

Die nächste Hierarchiestufe ist die Schlüsselkombination von Einkaufsorganisation und Lieferant für EDI. In dieser Stufe definieren Sie für die zuvor ausgewählte Nachrichtenart NEU und eine Einkaufsorganisation die LIEFERANTEN, die diese Nachrichten per EDI erhalten sollen (siehe Abbildung 3.4).

Wenn Sie sich nicht sicher sind, ob für Ihren Geschäftspartner hier bereits eine Kondition hinterlegt ist, oder Sie prüfen möchten, wie diese

Kondition für andere Lieferanten angelegt wurde, lassen Sie das Feld für den Lieferanten frei, und es werden alle bestehenden Konditionen angezeigt (siehe Abbildung 3.5).

Bestellneudruck (NEU) ändern: Selektion

Konditionsinfo

EinkOrganisation	1000	IDES Deutschland
Lieferant		bis

Abbildung 3.4: Nachrichtensteuerung – Einkaufsorganisation und Lieferant für EDI

Konditionssätze (Bestellneudruck) ändern: Schnelländerung

Kommunikation Mehr

Einkaufsbelegart	NB	Normalbestellung
EinkOrganisation	1000	IDES Deutschland

Konditionssätze

Lieferant	Bezeichnu...	Rolle	Partn...	Medium	Zeitpunkt	Sprache
4141	G. Winde	LF		1	1	DE
4142	Fix IT	LF		7	4	

Abbildung 3.5: Nachrichtensteuerung – Konditionssätze anzeigen

Sie können nun für Ihren Lieferanten einen weiteren Konditionssatz anlegen.

Im Feld Lieferant tragen Sie die Lieferantennummer ein, die Bezeichnung wird dann beim Speichern des Konditionssatzes durch das SAP-System automatisch ausgefüllt. Die Rolle, in diesem Fall *LF* für Lieferant, haben Sie zuvor in der Transaktion *WE20* (Partnervereinbarungen) festgelegt. Das Feld Partner benötigt keinen Eintrag. Im Feld Medium hinterlegen Sie, über welches Sendemedium die Nachricht verarbeitet werden soll.

Die folgende Liste zeigt Ihnen die Auswahloptionen (siehe Abbildung 3.6). Wo es mir notwendig erschien, habe ich eine nähere Erläuterung hinzugefügt.

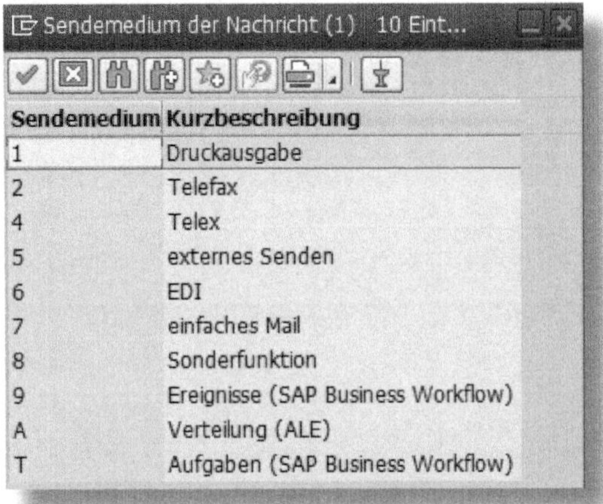

Abbildung 3.6: Nachrichtensteuerung – Sendemedium auswählen

Die ersten vier Sendemedien sprechen für sich. Die Bedeutung der anderen ist wie folgt:

5 *externes Senden*: Diese Option ist heute sicherlich gebräuchlicher als das Telex. Der Geschäftsbeleg wird über ein dem Kommunikationspartner zugeordnetes Medium versendet. Als Voraussetzung müssen Sie im Customizing die entsprechenden Voreinstellungen vorgenommen haben. In meinem bisherigen Arbeitsleben ist mir vorrangig die Einstellung INT für das Versenden einer E-Mail begegnet.

6 *EDI*: Diese Option ist im Austausch von elektronischen Belegen sehr gebräuchlich, vor allem, wenn Sie mit Geschäftspartnern zu tun haben, die ebenfalls SAP verwenden. Damit dieses Sendemedium funktioniert, muss für den Geschäftspartner eine Partnervereinbarung definiert sein.

7 *einfaches Mail*: Mit diesem Sendemedium legen Sie eine Nachricht an, die sowohl intern als auch extern durch das Erstellen entsprechender Verteilerlisten im SAP Business Workplace versendet werden kann (siehe hierzu auch Kapitel 7).

8 *Sonderfunktion*: Dieses Sendemedium stellt Ihnen eine Sonderfunktion zur Verfügung. Sie können damit eigene Programme nutzen, um z. B. externe Programme anzubinden, wie beispielsweise ein Lagerverwaltungssystem, ein Produktionssystem oder einen Marktplatz.

9 *Ereignisse*: Mit der Auswahl des Mediums 9 können Sie einen Workflow starten. Im Gegensatz zum Sendemedium T können Sie hierbei mehrere Workflows definieren. Beispielsweise kann durch ein IDoc eine Auslagerung angestoßen werden. Wenn man dieses IDoc an zwei Anwendungen verschickt, können zum einen die Faktura und zum anderen der Lieferscheindruck veranlasst werden.

A *Verteilung (ALE)*: Mit dieser Option wird der Geschäftsbeleg über ALE an den Partner weitergeleitet. Die Ermittlung des Partners erfolgt durch das Verteilungsmodell. Im Verteilungsmodell wird festgelegt, welche Anwendungen in welchen Systemen miteinander kommunizieren und welche Arten von Nachrichten ausgetauscht werden (siehe auch Kapitel 4).

T *Aufgaben*: Mit dem Sendemedium T legen Sie einen Workflow fest, der nach dem Speichern der Anwendung gestartet werden soll. Wie bereits zu 9 beschrieben, sind Sie mit diesem Sendemedium weniger flexibel, da Sie nur einen Workflow definieren können.

Nachdem Sie das Sendemedium definiert haben, müssen Sie noch den Versandzeitpunkt festlegen (siehe Abbildung 3.7). Dabei können Sie eine Nachricht mit dem Verbuchen des Beleges versenden, eine spätere Versendung definieren oder aber die Versendung durch eine eigene Transaktion anstoßen.

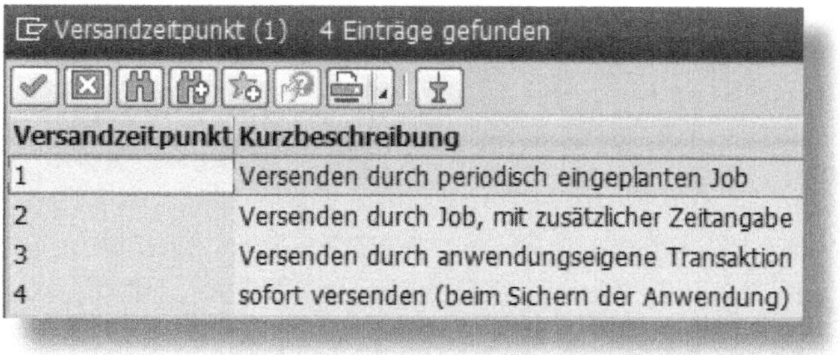

Versandzeitpunkt (1) 4 Einträge gefunden

Versandzeitpunkt	Kurzbeschreibung
1	Versenden durch periodisch eingeplanten Job
2	Versenden durch Job, mit zusätzlicher Zeitangabe
3	Versenden durch anwendungseigene Transaktion
4	sofort versenden (beim Sichern der Anwendung)

Abbildung 3.7: Nachrichtensteuerung – Versandzeitpunkt festlegen

- Versandzeitpunkt 1:
  Bei einem periodisch eingeplanten Job wird die Versendung mit dem nächsten Verarbeitungslauf des Jobs vorgenommen. Dies kann beispielsweise dann sinnvoll sein, wenn Sie täglich eine große Anzahl von Belegen zu einem Geschäftspartner senden. Wenn Sie etwa täglich viele Bestellungen zu einem Material aufbauen, das für verschiedene Standorte benötigt wird, können Sie durch diese Einstellung alle Bestellungen gesammelt verschicken. Der Lieferant hat somit die Möglichkeit, die eigene Produktion zu optimieren, ohne dass eine gesonderte Vereinbarung getroffen werden muss. Der Vorteil für Sie wäre im Gegensatz zu einer Bestellung mit mehreren Positionen, dass die Übersichtlichkeit in Ihrem System gewahrt bleibt. Sie können den Job online starten.

- Versandzeitpunkt 2:
  Bei der Versendung durch einen Job mit zusätzlicher Zeitangabe wird der Job zu dem Zeitpunkt gestartet, den Sie zuvor definiert haben. Angenommen, Sie möchten einem Geschäftspartner in Asien alle Belege zukommen lassen, bevor dessen Arbeitstag beginnt, so kann dies eine sinnvolle Einstellung sein. Damit können Sie sicherstellen, dass die Fakturen des Vortags zeitnah beim Geschäftspartner verarbeitet werden.

- Versandzeitpunkt 3:
  Bei Bestellungen können Sie über die Transaktion *ME9F* Nachrichten ausgeben. Alle Bestellungen, die Sie zuvor gespeichert, aber nicht als Nachricht ausgegeben haben, werden über diese Transaktion versendet bzw. gedruckt. Im Vertrieb können z. B. Fakturen über die Transaktion *VF31* gesammelt ausgegeben werden.

- Versandzeitpunkt 4:
  Wenn Sie eine Nachricht sofort ausgeben, heißt das, dass mit dem Buchen der Anwendung, also dem Speichern, das entsprechende Sendemedium angestoßen wird. Dies ist sicherlich die am häufigsten verwendete Einstellung, da hierdurch sichergestellt wird, dass alle Belege zeitnah verschickt werden. Außerdem ist gewährleistet, dass eine Versendung durch eine Transaktion nicht vergessen wird.

Abschließend möchte ich Ihnen mit Abbildung 3.8 eine Übersicht einiger Transaktionen zur Verfügung stellen, die den Nachrichtenversand anstoßen, wenn Sie als Versandzeitpunkt Option 3 gewählt haben.

Vorgang	Transaktion
Anfragen	ME9A
Lieferplaneinteilungen	ME9E
Bestellungen	ME9F
Kontrakt	ME9K
Lieferpläne	ME9L
Rechnungsbelege	MR91
Auslieferungen	VL71
Lieferavis	VL75
Transporte	VT70
Faktura	VF31

Abbildung 3.8: Übersicht – Transaktionen zum Nachrichtenversand

Nachrichtenversand durch Transaktion anstoßen

Den Nachrichtenversand durch eine Transaktion anzustoßen, ist dann sinnvoll, wenn Sie sich beispielsweise in der Erprobungsphase des elektronischen Nachrichtenaustauschs mit einem Lieferanten befinden und Sie die Nachrichten zuvor noch einmal überprüfen möchten, bevor Sie ihrem Geschäftspartner größere Mengen fehlerhafter Dokumente übermitteln.

3.5 Mapping in der Nachricht

Das Mapping dient der Vereinbarung auf eine gleiche Interpretation der Daten in einer Nachricht. Ziel ist, dass Inhalte von verschiedenen Systemen gleich interpretiert werden. Wenn Sie Informationen von einem SAP-System in ein anderes transferieren möchten, kann es beispielsweise vorkommen, dass sich die verwendeten Stammdaten in beiden Systemen unterscheiden.

Zu Beginn des Mappingvorgangs muss erst einmal geprüft werden, ob es sich um den gleichen Nachrichtenstandard handelt. In der Automobilindustrie wird vielfach der Standard ODETTE verwendet. Dieser basiert auf dem EDIFACT-Standard, ist aber mit weiteren Informationen angereichert. Wenn Sie mit einem Geschäftspartner elektronische Belege austauschen wollen, dieser aber beispielsweise ODETTE einsetzt, während in Ihrem Unternehmen EDIFACT genutzt wird, so bedeutet dies nicht, dass der Nachrichtenaustausch nicht realisiert werden kann oder dass eines der beiden Unternehmen den Standard ändern muss. Stattdessen müssen die Informationen in den Sender- und Empfängerdokumenten durch ein Mapping aufbereitet werden, sodass sie im jeweiligen System verarbeitet werden können. Das kann zur Folge haben, dass die Bezeichnungen von Segmenten oder Qualifiern übersetzt werden müssen oder dass Segmente hinzugefügt oder entfernt werden.

Dabei kann mittels eines Konverters ein Standard in einen anderen konvertiert werden, also ANSI in EDIFACT oder XML; es können aber auch Feldbezeichner oder Feldinhalte aufeinander abgestimmt werden.

Welchen Standard ein Unternehmen einsetzt, liegt auch an der Branche, dem der Betrieb angehört. Wenn dann Geschäfte mit branchenfremden Kunden oder Lieferanten hinzukommen, ist es notwendig, die Kommunikation aufeinander abzustimmen. Ein Ihnen sicher geläufiger Fall ist die Abstimmung, ob man das Dezimaltrennzeichen in Form eines Kommas oder eines Punkts darstellt, also die deutsche oder die englische Form wählt. Ein weiterer Fall ist das Datum. Bei der Einigung auf ein Datumsformat stehen verschiedene Optionen wie JJMMTT, JJJJMMTT oder JJJJTTMM zur Wahl. Es können aber auch Trennzeichen verwendet werden, wie die beiden Ausschnitte in Abbildung 3.9 zeigen:

Inhalt des ausgewählten Segments		Inhalt des ausgewählten Segments	
Feldname	Feldinhalt	Feldname	Feldinhalt
QUALF	001	QUALF	001
DATUM	20150623	DATUM	07/01/15

Abbildung 3.9: Mapping des Datumformats

Was bedeutet der Qualifier?

Wenn Sie die Bedeutung eines Qualifiers in einem IDoc nicht kennen, können Sie sich z. B. in der Transaktion *WE05* mit Doppelklick auf das Symbol die Definition des Qualifiers anzeigen lassen (siehe Abbildung 3.10).

Feldname	Feldinhalt	Kurzbeschreibung
QUALF	006 : Warenausgang	IDOC Qualifier: Termin (Lieferung)

Abbildung 3.10: Definition Qualifier

Das Mapping kann in drei unterschiedlichen Prozessschritten durchgeführt werden. Im ersten Beispiel erfolgt das Mapping bereits im Quellsystem (siehe Abbildung 3.11).

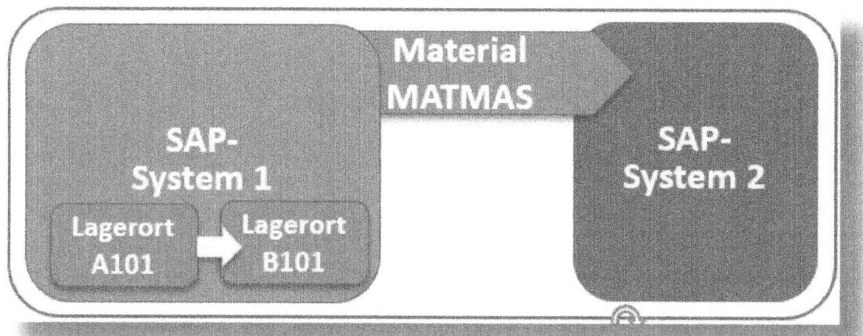

Abbildung 3.11: Mapping im Quellsystem

Hier soll ein Material, das im SAP-System 1 vorhanden ist, auch im System 2 verwendet werden. Hierfür nutzen Sie den Nachrichtentyp MATMAS. Die lagerortspezifischen Daten sind in beiden Systemen gleich, lediglich die Bezeichnung der Lagerorte unterscheidet sich. Deshalb verwenden Sie eine Umsetzungstabelle, die das Feld mit der Bezeichnung »Lagerort A101« in »Lagerort B101« umsetzt. In diesem Fall enthält das IDoc bereits die Information, die System 2 benötigt, um die Materialstammdaten mit Bezug zum richtigen Lagerort aufzubauen.

Es ist aber auch möglich, diese Umsetzungstabelle im SAP-System 2 zu hinterlegen und bei der Eingangsverarbeitung des IDocs die Lagerortinformation umzusetzen (siehe Abbildung 3.12).

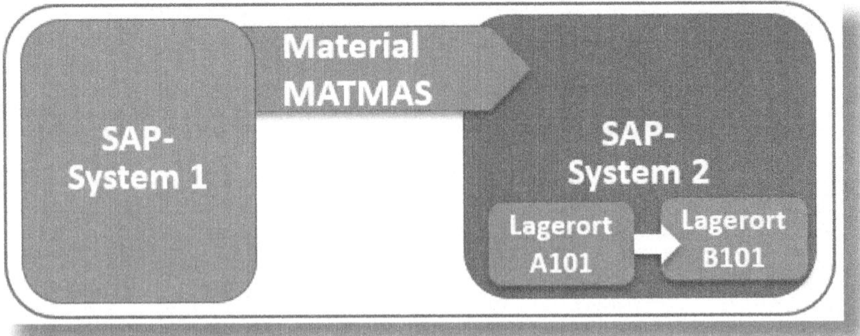

Abbildung 3.12: Mapping im Zielsystem

In diesem Fall wird das Ausgangs-IDoc aus dem SAP-System 1 nicht verändert, vielmehr findet die Änderung des Lagerortes erst im System 2 statt.

Eine dritte Möglichkeit ist das Mapping außerhalb beider Systeme, z. B. in einem Konverter. Dieses Mal wird das Ausgangs-IDoc an den Konverter übergeben. Im Konverter liegt eine Mappingtabelle vor, anhand derer die Informationen entsprechend umgesetzt, an das System 2 weitergegeben und dort verarbeitet werden (siehe Abbildung 3.13).

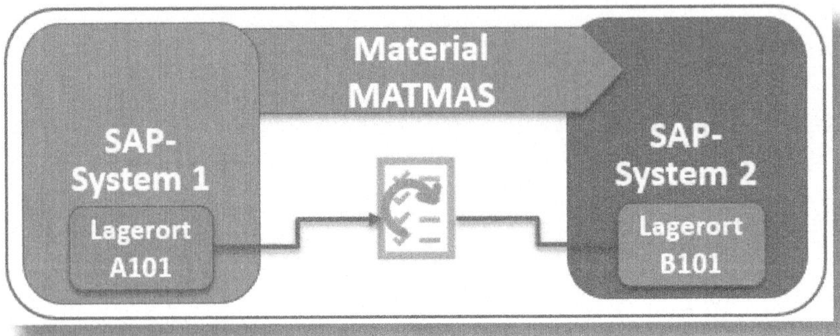

Abbildung 3.13: Mapping im Konverter

Welche der drei Varianten Sie wählen, hängt von vielen Faktoren ab und muss im Einzelfall entschieden werden. Folgendes ist zu beachten: Wenn es um eine einmalige Aktion oder um den regelmäßigen Austausch von Daten geht, spricht vieles für eine direkte Anbindung der beiden Systeme. Wenn die Daten mehreren Partnern zur Verfügung gestellt werden, z. B. Preislisten für Kunden, dann ist die Zuordnung im Konverter sinnvoll, da damit auf die Belange vieler verschiedener Partner mit mindestens ebenso vielen Anforderungen eingegangen werden kann, das Quellsystem aber unverändert bleibt. Auch sollten Sie bei der Wahl berücksichtigen, in welchem Bereich die bessere Unterstützung durch eine IT-Abteilung zu erwarten ist und ob Änderungen deshalb besser bei einem Dienstleister durchzuführen sind, der einen Konverter betreut.

Neben der Frage, zu welchem Zeitpunkt im Prozess eine Zuordnung erfolgt, muss auch noch geklärt werden, wie ein Mapping aussehen soll. Im günstigsten Fall entspricht der Wert des Senderfelds demjenigen des Empfängerfelds.

Eine weitere Möglichkeit ist, dass Daten mittels einer Umsetztabelle zugeordnet werden. Im Sender- oder Empfängersystem wird eine Z-Tabelle erzeugt, die mit den entsprechenden Werten gefüllt wird (siehe Abbildung 3.14).

	Sender	Empfänger
Kunde	Meier	12345
Material	A4711	1002233
Anlieferort PLZ	69190	998877
Anlieferort Ort	Walldorf	
Anlieferort Straße	SAP Straße 13	
Anlieferort Land	Deutschland	

Abbildung 3.14: Beispiel Mappingtabelle

In der Tabelle sehen Sie ein Beispiel, wie ein Mapping aussehen könnte. Stellen Sie sich vor, Sie möchten mit einem Kunden den elektronischen Datenaustausch implementieren, aber dieser Kunde nutzt kein SAP-System. Trotzdem fallen täglich sehr viele Kundenaufträge an, die Ihre Mitarbeiter manuell im System erfassen müssen. Um nun in Ihrem Unternehmen den Aufwand zu reduzieren und um Falscheingaben zu vermeiden, bitten Sie den Kunden, Ihnen die Aufträge in Form einer zuvor vereinbarten Datei zuzusenden.

Wenn Sie diese Datei erhalten, wird das SAP-System die Informationen aus der Kundendatei in für SAP lesbare Datensätze umwandeln. Das bedeutet, dass der Name des Kunden in die in Ihrem System hinterlegte Kundennummer geändert wird. Ebenso wird die Bezeichnung des Produkts, das der Kunde bei Ihnen bestellt, in die entsprechende Materialnummer umgewandelt. Bei der Anlieferadresse fassen Sie mehrere Informationen zusammen, sodass in dem Kundenauftrag später die SAP-Nummer für die Anlieferadresse verwendet wird. Ist die Anlieferadresse dem SAP-System noch nicht bekannt, wird vom System automatisch eine neue Adresse mit der entsprechenden Nummer angelegt.

Abstimmung mit dem Geschäftspartner

Natürlich können Sie mit dem Kunden vereinbaren, dass er anstelle des eigenen Namens die von Ihnen vergebene Kundennummer verwendet. Inwieweit sich der Geschäftspartner auf Vereinbarungen und Regeln einlässt, hängt davon ab, welche Entscheidungsgewalt Sie innerhalb ihrer Geschäftsbeziehung innehaben.

SAP bietet im Standard einen Prozess zur Änderung der Inhalte im IDoc. Beispielhaft legen wir hier eine *Umsetzungsregel* für das Datum in einer Wareneingangsbuchung an. Um Rücklieferungen von einem bestimmten Spediteur schnell identifizieren zu können, setzen wir für diese Wareneingänge das Buchungsdatum 31.12.1900. Hierfür müssen wir zunächst eine Umsetzungsregel mit der Transaktion *BD62* anlegen (siehe Abbildung 3.15).

Umsetzungsregel	Bedeutung	IDOC-Segmentname
BIT350_ALPHA	Alpha-Konvertierung	E1EDK01
POSTNET	..	E1FIHDR
WE-DATUM	Setze Standarddatum	E1MBXYH

Abbildung 3.15: Mapping, Umsetzungsregeln – Regel anlegen

Wir vergeben für die Regel einen Namen und eine entsprechende Bedeutung. Natürlich müssen wir auch das umzusetzende IDoc-Segment definieren. Anschließend muss die Regel ausgeprägt werden, d. h., es muss festgelegt werden, was passieren soll, wenn dieses Segment in einem IDoc enthalten ist. Dazu rufen wir die Transaktion *BD79* auf (siehe Abbildung 3.16).

Empf.Feld	Bedeutung	Typ	Länge	Ver...
BLDAT	Belegdatum	C	8	
BUDAT	Buchungsdatum	C	8	

Abbildung 3.16: Mapping, Umsetzungsregeln – Regeln definieren

Durch einen Doppelklick auf die Information, die Sie verändern möchten, gelangen Sie in die nächste Ansicht, in der Sie die Regel definieren (siehe Abbildung 3.17).

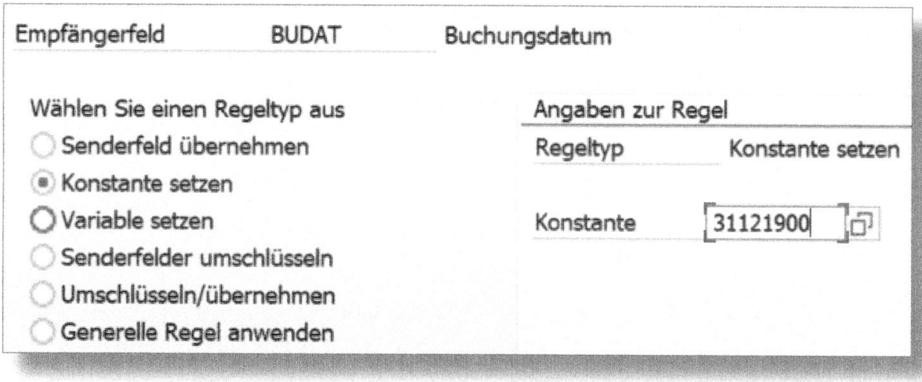

Empfängerfeld BUDAT Buchungsdatum

Wählen Sie einen Regeltyp aus
- Senderfeld übernehmen
- Konstante setzen
- Variable setzen
- Senderfelder umschlüsseln
- Umschlüsseln/übernehmen
- Generelle Regel anwenden

Angaben zur Regel

Regeltyp Konstante setzen

Konstante 31121900

Abbildung 3.17: Umsetzungsregel definieren – Konstante setzen

Nachdem wir die Konstante *31121900* gesetzt haben, müssen wir diese Regel nun dem Partner zuordnen, da die Regel nur dann angewendet werden soll, wenn es sich um eine Wareneingangsbuchung aus einem speziellen Lager handelt. Dazu rufen wir die Transaktion *BD55* auf und tragen die entsprechenden Daten ein (siehe Abbildung 3.18).

Nachrichtentyp WMMBID01

Umsetzungsregel

Art	Sender	Rolle	Art	Empfänger	Rolle	Segmenttyp	Umsetzungsregel
LI	4141		LS	I62CLNT300		E1MBXYH	WE-Datum

Abbildung 3.18: Mapping – Umsetzungsregel zuordnen

Mit der Zuordnung ist nun sichergestellt, dass IDocs vom Nachrichtentyp WMB1D01 (Wareneingangsmeldung) des Partners 4141 gemäß der Umsetzungsregel verändert werden, da das Buchungsdatum immer der 31.12.1900 ist.

Umsetzungsregeln

Mithilfe der Umsetzungsregeln lassen sich auch andere Situationen organisieren, wie z. B. die Umsetzung einer alten Lieferanten-, Material- oder Lagerortnummer oder die Verwendung des Tagesdatums in definierten Belegen.

3.6 IDoc-Erweiterung

Neue Felder oder Segmente fügen Sie einem IDoc mit der Transaktion *WE31* zu. Hierfür müssen Sie erst definieren, um welches Segment es sich handelt. Dabei hilft Ihnen die Transaktion *WE60*. Verwenden Sie das Präfix Z1 für das Segment, um dieses von den Standardsegmenten unterscheiden zu können (siehe Abbildung 3.19).

Namen für kundeneigene Segmente

Zur besseren Erkennbarkeit empfehle ich Ihnen, den Namen des neuen Segments an den Namen des Ursprungssegments anzulehnen. Beispiel: Sie wollen neue Felder in die Nachricht MATMAS aufnehmen. Diese haben Sie an die Tabelle MARA angehängt. Die Standardsegmente finden Sie in der Nachricht MATMAS in dem Segment E1MARAM. Wenn Sie nun ein neues Segment anlegen, so können Sie dieses Z1E1MARAM nennen. Möglich wäre auch Kundenname/E1MARAM.

Entwicklung Segmente: Einstieg

Segmenttyp Z1E1MARAM
IDoc Append Testfelder Jost

Abbildung 3.19: WE31 – neues Segment anlegen

Wie zuvor beschrieben, haben Sie einen Namen für das neue Segment vergeben und wählen nun , um das Segment anzulegen. Es wird die folgende Ansicht angezeigt, in der Sie für das neue Segment eine KURZBESCHREIBUNG und die Felder eintragen, die mit diesem Segment übertragen werden sollen (siehe Abbildung 3.20).

Attribute des Segmenttyps
Segmenttyp Z1CJE1MARAM — Qualifiziertes Segm.
Kurzbeschreibung Segment MARA Testfelder CJ
Segmentdefinition — Freigegeben
Primärsegment
Letzte Änderung
Felder im Segment

Posi...	Feldname	Datenelement	ISO-Co...	Exp...
1	ZZFELD3	ZZFELD3		20

Abbildung 3.20: WE31 – Kurzbeschreibung und Felder für das Anlegen eines neuen Segments

Sichern Sie die Eingaben. Das System fordert Sie nun auf, die beteiligten Personen zu bestätigen oder zu ändern (siehe Abbildung 3.21).

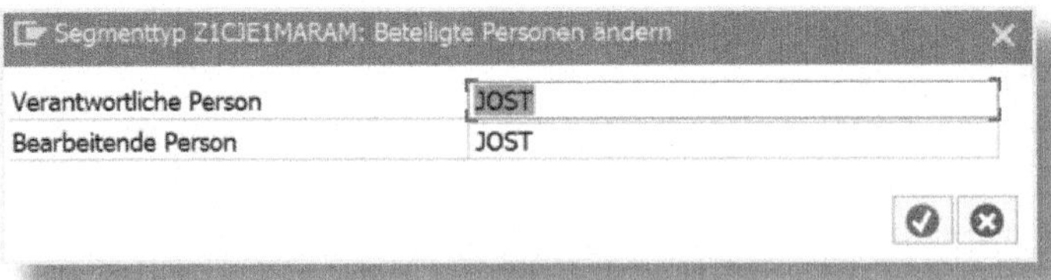

Abbildung 3.21: WE31 – beteiligte Personen

Beteiligte Personen

In kleineren Organisationen mag es Ihnen unnütz vorkommen, diese Information zu pflegen. Letztendlich dient es aber der schnellen Bearbeitung von Rückfragen und einem reibungslosen Ablauf, wenn Ansprechpartner bekannt sind. Gerade bei fachlichen Fragen, also wie die Informationen in einer Nachricht interpretiert werden sollen, führt die Angabe des Segmenterstellers zu einer schnellen Klärung.

Nach dem Speichern ist auch die SEGMENTDEFINITION des Segments gefüllt (siehe Abbildung 3.22).

Abbildung 3.22: Segmentdefinition

Neue Felder in bestehenden Segmenten

Segmente unterliegen der Versionierung. Deshalb können neue Felder nicht an bestehende Segmente angehängt werden. Stattdessen wird das bestehende Segment eine Version höher geschrieben, und an diese werden die Felder angehängt.

Wählen Sie , um auf das vorherige Bild zurückzukehren, und geben Sie das Segment frei (siehe Abbildung 3.23).

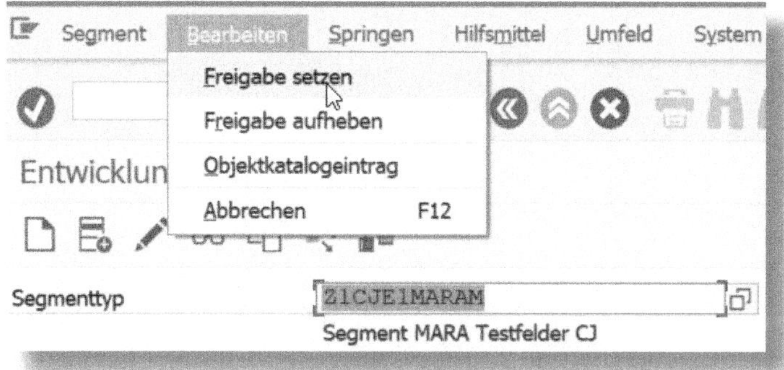

Abbildung 3.23: WE31 – neues Segment freigeben

In der Segmentdefinition können Sie nun sehen, dass der Status des neuen Segments in Freigegeben geändert wurde.

Im nächsten Schritt müssen Sie das Segment einem IDoc-Typ zuordnen. Dazu geben Sie den Transaktionscode *WE30* ein, vergeben einen Namen für den anzulegenden IDoc-Typ und wählen (siehe Abbildung 3.24).

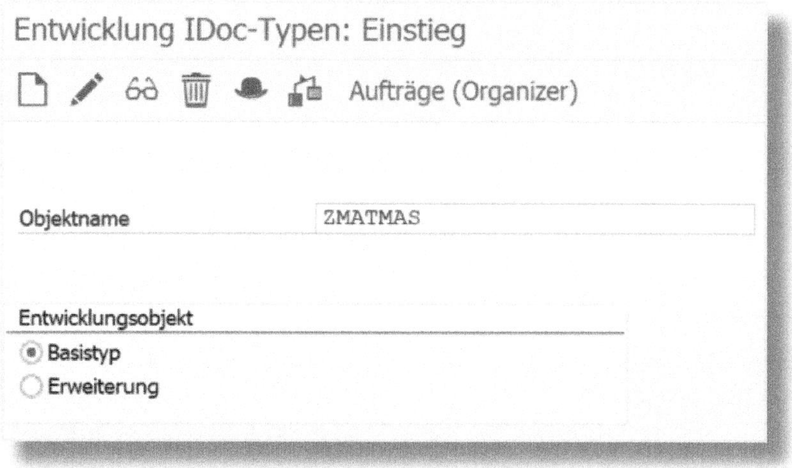

Entwicklung IDoc-Typen: Einstieg

Aufträge (Organizer)

Objektname ZMATMAS

Entwicklungsobjekt

Basistyp

Erweiterung

Abbildung 3.24: Entwicklung IDoc-Typ – Einstieg

Im Folgefenster müssen Sie sich entscheiden, welchen Typ Sie anlegen wollen. In diesem Fall wählen Sie die Kopie von MATMAS, so haben Sie alle Segmente im IDoc, die im Standard enthalten sind, und fügen das neue Segment hinzu (siehe Abbildung 3.25).

Abbildung 3.25: WE30 – Entwicklung eines IDoc-Typs mit einer Kopie von MATMAS

Sie bestätigen die Einträge und gelangen nun in die Baumansicht des IDocs. Diese Ansicht klappen Sie auf und suchen die Stelle, an der Sie das Segment einfügen möchten. In diesem Fall ordnen Sie das Segment dem vorhandenen Segment E1MARA1 zu (siehe Abbildung 3.26). Nachdem Sie die Auswahl angeklickt haben, wird das folgende Fenster angezeigt, in dem Sie die Ebene für das IDoc-Segment definieren (siehe Abbildung 3.27).

Ob wir das Segment untergeordnet als Kind oder auf derselben Ebene hinzufügen, hängt nicht von der technischen Umsetzung ab, sondern von der späteren Übersichtlichkeit im IDoc. Deshalb habe ich mich in diesem Beispiel dazu entschieden, das neue Segment auf derselben Ebene anzuhängen. Bei der Prüfung von IDocs müssen Sie die Segmente dann nicht expandieren, wenn Sie das Segment suchen.

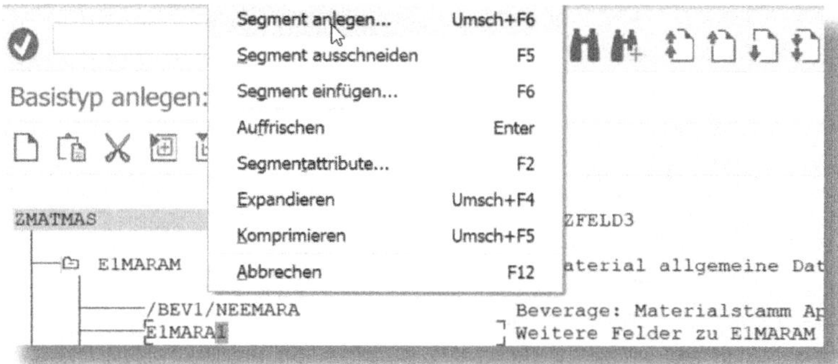

Abbildung 3.26: WE30, IDoc-Typ anlegen – Segment anlegen

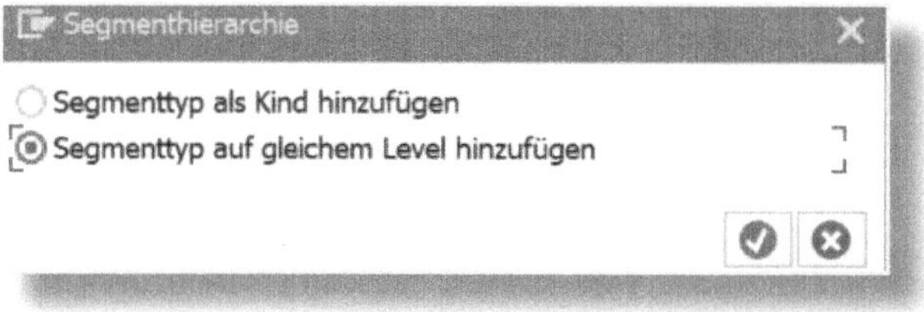

Abbildung 3.27: WE30, IDoc-Typ anlegen – Level definieren

Nachdem Sie die Auswahl bestätigt haben, werden im nächsten Schritt die Attribute für das Segment vergeben (siehe Abbildung 3.28).

Abbildung 3.28: WE30, IDoc-Typ anlegen – Attribute vergeben

Die MINIMALE und MAXIMALE ANZAHL der Segmente definiert, wie viele Segmente dieses Typs in Folge im IDoc vorhanden sein können. Da Sie das neue Segment analog zum bereits existierenden Segment E1MARA1 angelegt haben, verwenden Sie für die Attribute die gleichen Werte.

Zuletzt müssen Sie den neuen IDoc-Typ noch freigeben. Dafür speichern Sie die Einträge und wählen anschließend den grünen Pfeil, um zum vorherigen Bild zurückzukehren. Nun können Sie den neuen IDoc-Typ freigeben, sodass dieser auch verwendet werden kann (siehe Abbildung 3.29).

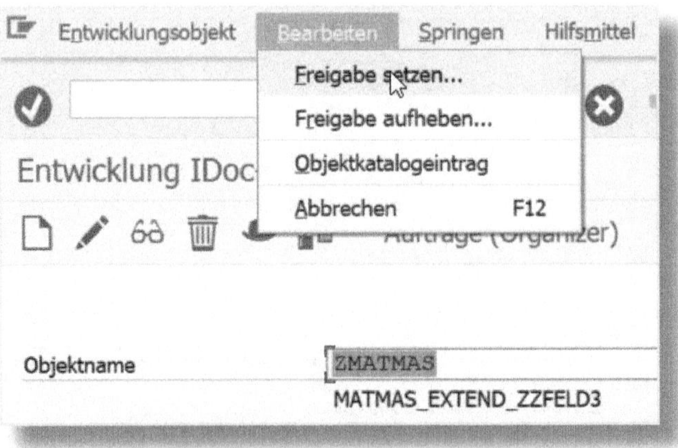

Abbildung 3.29: WE30, IDoc-Typ anlegen – Freigabe

Der neue IDoc-Typ kann ab sofort in die Partnervereinbarung eingetragen und mit den Geschäftspartnern ausgetauscht werden.

4 SAP-Transaktionen rund um den elektronischen Datenverkehr

Da es beim elektronischen Datenaustausch um »Management by Exception« geht, ist es wichtig, fehlerhafte Dokumente zu identifizieren, den Fehler zu finden und anschließend eine Fehlerbehebung durchzuführen. Im Folgenden möchte ich Sie mit verschiedenen Transaktionen bekannt machen, die Sie dazu benötigen bzw. die Ihnen hilfreiche Informationen liefern.

Schnelles Finden relevanter Transaktionen

Durch den Aufruf der Transaktion *WEDI* im SAP-Menü wird Ihnen ein Bereichsmenü angezeigt, das alle Transaktionen enthält. Diese sind unterteilt in Administration, Test, Dokumentation, Entwicklung und Steuerung. Wenn Ihnen dieses Menü zu umfangreich ist, können Sie auch eigene Favoriten anlegen.

4.1 WE60: Dokumentation

Im SAP-System finden Sie allgemeine Informationen zu den verwendeten IDocs. Mit der Transaktion *WE60* können Sie die Dokumentation der einzelnen Basistypen aufrufen. Vor der ersten Suche in den Benutzereinstellungen, die Sie über den Menübaum SPRINGEN • BENUTZEREINSTELLUNGEN erreichen, müssen Sie die ANZEIGEATTRIBUTE FÜR IDOC-TYPEN ändern (siehe Abbildung 4.1).

Um sowohl die technische Dokumentation als auch die betriebswirtschaftliche Beschreibung des IDocs zu erhalten, müssen Sie die Kennzeichen AUSGABE DER DOKUMENTATION und AUSGABE DER FELDWERTE aktivieren.

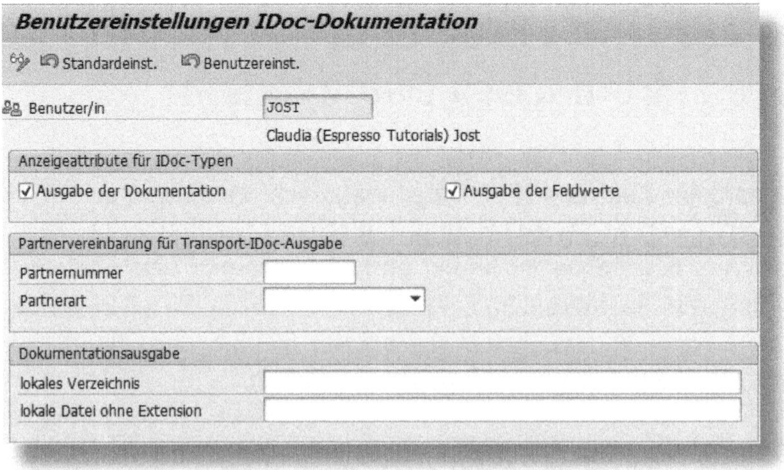

Abbildung 4.1: WE60 – Benutzereinstellungen

In Abbildung 4.2 sehen Sie die Einstiegsmaske der Transaktion. Sie können an dieser Stelle leider nicht mit dem Joker »*« arbeiten, d.h., entweder kennen Sie den vollständigen Namen des Basistyps, oder aber Sie wählen ,um sich die Liste aller Basistypen anzeigen zu lassen, und suchen dort dann nach *ORDERS*. In diesem Fall suchen wir nach dem Typ ORDERS05.

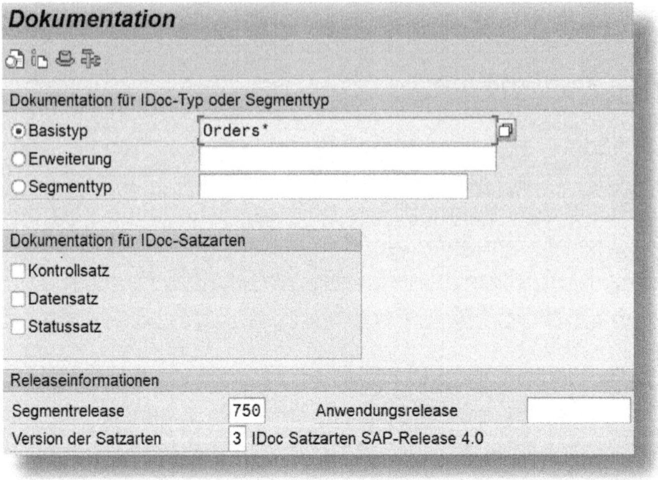

Abbildung 4.2: Hilfreiche Transaktionen – Einstieg WE60

Wenn Sie anschließend anklicken, wird die Dokumentation des IDocs angezeigt und Sie können sich entscheiden, ob Sie neben der Beschreibung des *IDoc-Typs* auch die *Segmentdokumentationen* und die *Segmentstrukturen* sehen wollen. Für den Einstieg in das Mapping und zum besseren Verständnis des Aufbaus eines IDocs ist diese Transaktion von großem Nutzen.

4.2 WE57: Zuordnung von Funktionsbaustein zu logischer Nachricht und IDoc-Typ anzeigen

Mit der Transaktion *WE57* können Sie Funktionsbausteine logischen Nachrichten und IDoc-Typen zuordnen. Diese Transaktion hilft dem fortgeschrittenen Benutzer bei der Identifizierung von Möglichkeiten zur Prozessoptimierung durch den Einsatz weiterer Nachrichtenarten. Die Transaktion kann aber auch als Hilfe zur Klärung komplizierter technischer Zusammenhänge dienen.

Die folgende Abbildung 4.3 zeigt das Suchergebnis für *ORDERS05*; diese wird u. a. als eingehende Nachricht im Funktionsbaustein *EDX_INPUT_ORDERS* verarbeitet, es handelt sich um den Objekttyp »Kundenauftrag«.

Sicht "IDoc: Zuordnung von FB zu log. Nachricht und IDoc Typ" anzeigen

Funktionsbaustein	EDX_INPUT_ORDERS
Funktionstyp	Funktionsbaustein
Basistyp	ORDERS05
Erweiterung	
Nachrichtentyp	ORDERS
Nachr.Variante	
Nachr.Funktion	
Objekttyp	BUS2032

IDoc: Zuordnung von FB zu log. Nachricht und IDoc Typ

Richtung	Eingang
Beschreibung	Bestellung / Auftrag
Bezeichnung	Kundenauftrag

Abbildung 4.3: WE57 – Zuordnung Funktionsbaustein zum IDoc

4.3 WE21: Portdefinition

Für den Aufbau der Verbindung zu einem Geschäftspartner können Sie die Transaktionen *WE20* (Anlegen eines Partnerprofiles) und *WE21* (Portdefinition) nutzen. Auch wenn die numerischen Bezeichnungen der beiden Transaktionen eher auf das Gegenteil schließen lassen, so müssen Sie mit WE21 zuerst einen Port definieren, dann erst können Sie mit WE20 die Partnervereinbarung anlegen, da hierfür der Port benötigt wird.

Wenn Sie die Transaktion *WE21* öffnen, werden Ihnen alle möglichen Arten an Ports angezeigt, die Sie in der IDoc-Verarbeitung einsetzen können (siehe Abbildung 4.4).

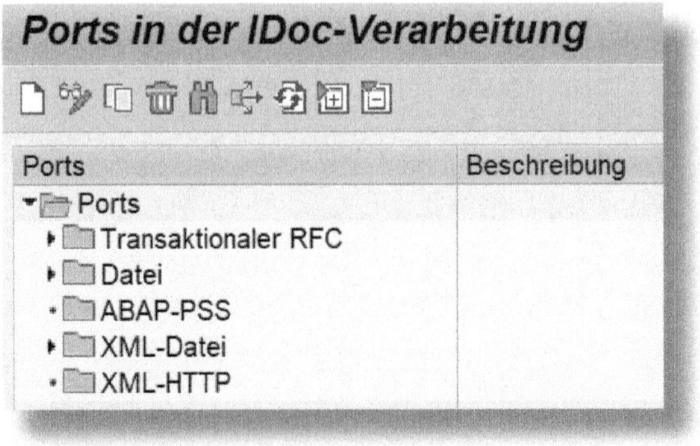

Abbildung 4.4: WE21 – Ports in der IDoc-Verarbeitung

Die Verarbeitung über den *transaktionalen RFC (tRFC)* habe ich bereits eingangs erklärt (siehe Abschnitt 2.2). Der Porttyp *Datei* dient dazu, IDocs über ein Dateisystem abzulegen, zu speichern und dort für den Empfänger bereitzustellen. Voraussetzung hierfür ist, dass das Empfängersystem IDocs lesen kann.

Der direkte Versand eines IDocs erfolgt über die XML-HTTP-Verbindung. Das IDoc wird in das *XML*-Format umgewandelt und kann an jedes erreichbare System gesendet werden. Der Umweg über das Dateisystem entfällt dabei. Im Folgenden (siehe Abbildung 4.5) sehen Sie die Beschreibung eines tRFC-Ports.

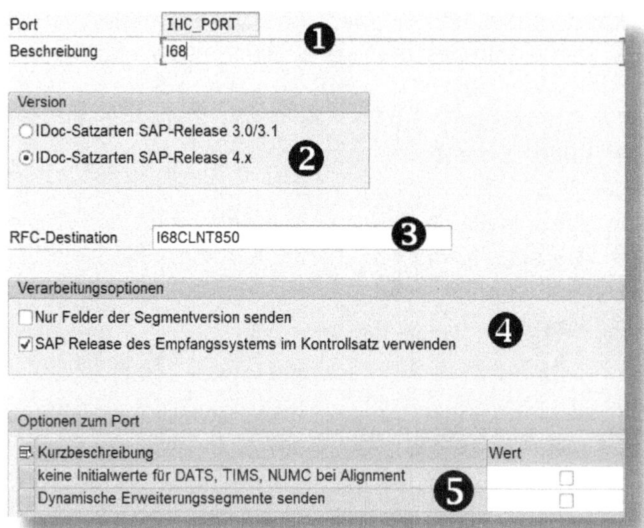

Abbildung 4.5: WE21 – Beschreibung eines Ports

Unter ❶ finden Sie den Namen des Ports, den Sie auch in der Partnervereinbarung eintragen müssen, und eine Beschreibung, die dem Nutzer weitere Informationen zur Verwendung dieses Ports zur Verfügung stellt.

Wenn Sie Informationen mit SAP-Systemen eines älteren Releases austauschen, müssen Sie unter ❷ die Checkbox IDoc-Satzarten SAP-Release 3.0/3.1 aktivieren. Der Kontrollsatz des IDocs wird in dem Fall passend zu diesem Release aufgebaut. Wenn Sie Dateien mit späteren Releases austauschen, setzen Sie das Kennzeichen IDoc-Satzarten SAP-Release 4.x.

Unter ❸ geben Sie die RFC-Destination an, die ausgeführt werden soll.

Bei den Verarbeitungsoptionen ❹ können Sie zum einen festlegen, dass die Segmentlänge abweichend von Ihrem aktuellen Release aus dem in der Partnervereinbarung hinterlegten Release entnommen werden soll. Dies ist dann notwendig, wenn das empfangende System die Segmentlänge nicht aus der Segmentversion ableiten kann.

Zum anderen können Sie bestimmen, dass das empfangende System im Feld DOCREL des Kontrollsatzes das Release erhält, das in der Partnervereinbarung hinterlegt ist. Schließlich können Sie noch vorgeben, ob für ältere Releases die Füllung von leeren Feldern der in der Beschreibung genannten Segmente unterdrückt werden soll ❺.

Ebenfalls können Sie entscheiden, ob bei der Erzeugung des IDocs generische Segmente erstellt und angehängt werden sollen. Hierbei ist jedoch zu beachten, dass diese Segmente nicht von jedem System verarbeitet werden können.

4.4 WE20: Partnervereinbarung

Mithilfe der Partnervereinbarung ordnen Sie den Geschäftspartnern Eingangs- und/oder Ausgangsnachrichten zu, für die Sie einen Austausch vereinbart haben.

Sie erreichen die Partnervereinbarung über die Transaktion *WE20*. Die angezeigten Informationen sind sehr komplex, sodass ich mich erst einmal auf die Informationen im rechten Teil des Bildschirms konzentriere (siehe Abbildung 4.6).

Partnervereinbarungen

Partner	Beschreibung
Partnervereinbarungen	
Partnerart B	Bank
Partnerart BP	Geschäftspartner
Partnerart GP	Geschäftspartner
Partnerart KU	Kunde/Debitor
Partnerart LI	Lieferant/Kreditor
Partnerart LS	Logisches System
Partnerart US	Benutzer (ersten 10 Stellen, ohne Prüfung)

Abbildung 4.6: Partnervereinbarungen – Einstieg

In diesem Teil sehen Sie die Arten der Partnervereinbarungen, die bereits im System angelegt wurden. Wenn Sie nun eine eigene Partnervereinbarung anlegen möchten, müssen Sie zuerst entscheiden, welche Partnerrolle der Partner einnehmen wird. Wenn wir beispielsweise von einem Kunden ausgehen, dann können Sie sich durch einen Klick auf den Pfeil neben Partnerart KU alle existierenden Vereinbarungen anzeigen lassen (siehe Abbildung 4.7).

Partnerart KU	Kunde/Debitor
100	test
1110	I.D.O.C. GmbH
1171	Hitech AG
1185	Werk Hamburg 1000
1187	Werk 1200 (Dresden)
2001	SAPSOTA AG
2002	Sapsota AG
2222	Cust Customer

Abbildung 4.7: Partnervereinbarungen – Einstieg Kunden

Sie können nun entweder über den Button Neuanlage eine neue Partnervereinbarung anlegen oder eine vorhandene Partnervereinbarung mittels Klick auf das Icon kopieren.

Neuerstellung von Partnervereinbarungen

Bei der Neuanlage von Partnervereinbarungen können Sie vorhandene Partnervereinbarungen über die Funktion *Kopieren und Einfügen* übernehmen. Dies erspart einiges an Tipparbeit, und Sie übernehmen eine (hoffentlich) funktionierende Einstellung.

Wir entscheiden uns heute dafür, eine Partnervereinbarung neu anzulegen. Nachdem Sie den entsprechenden Button gewählt haben, öffnet sich das in Abbildung 4.8 gezeigte Fenster.

Abbildung 4.8: Partnervereinbarung anlegen – Partnernummer und Nachbearbeitung

Als Erstes ❶ müssen Sie die Partnernummer eintragen, im Beispiel eine Debitorennummer (Kundennummer). Anschließend definieren Sie die Partnerart, hier *KU* für Kunde. Im nächsten Schritt ❷ definieren Sie, wer im Falle einer fehlerhaften Verarbeitung der Nachricht informiert werden soll. Das kann, wie im Beispiel durch Eintrag einer 0 im Feld Art, eine Organisationseinheit sein, d. h., alle diesem Bereich angehörenden Mitarbeiter erhalten eine Benachrichtigung, oder Sie definieren einen Benutzer über das Kürzel US (Englisch: User); so wird im Fehlerfall der hinterlegte Mitarbeiter informiert.

Benachrichtigung im Fehlerfall

Bei der Einstellung der Benachrichtigung müssen Sie beachten, dass zum einen sichergestellt ist, dass Fehler auch wirklich bearbeitet werden, was dafür spricht, eine Organisationseinheit zu informieren. Zum anderen sollten Sie aber auch im Blick haben, dass die Anzahl der E-Mails je Mitarbeiter überschaubar bleibt.

Im nächsten Schritt führen Sie eine Klassifikation durch (siehe Abbildung 4.9).

Nachbearbeitung: erlaubte Bearbeiter | Klassifikation | Telephonie

Partnerklasse

Partnerstatus A Aktiv, Partnervereinbarung ist einsatzbereit

Archiv

Abbildung 4.9: Partnervereinbarung – Anlage Klassifikation

Mithilfe der Klassifikation und der Zuordnung einer Partnerklasse können Sie im Bedarfsfall neue Nachrichtentypen einer zuvor definierten Partnerklasse zuordnen.

Der Partnerstatus zeigt an, ob ein Partner bereits aktiv ist oder ob er zwar schon angelegt, aber noch nicht aktiv ist. Sie können hier auch definieren, dass es sich um ein Musterprofil handelt, das für andere Vereinbarungen kopiert werden kann, aber nicht für die tatsächliche Versendung oder den Empfang von Nachrichten verwendet wird.

Verwendung von Partnerklassen

Wenn Sie in Ihrem Unternehmen ein logistisches Konzept, wie beispielsweise Vendor Managed Inventory (VMI) einführen möchten, das auch die Übermittlung von Bestandszahlen, Bedarfszahlen und Verbrauchsdaten beinhaltet, können Sie mit Projektstart eine Partnerklasse VMI definieren und diese den infrage kommenden Kunden zuordnen. Wenn Sie nun sukzessive die Nachrichtenarten einführen, so können Sie diese der Partnerklasse zuordnen, und allen zugeordneten Kunden werden die Einstellungen für diese Nachrichtenarten zugewiesen.

Um die tägliche Arbeit weiter zu erleichtern, können Sie auf der Registerkarte Telephonie eine Telefonnummer und weitere Kontaktinformationen hinterlegen (siehe Abbildung 4.10).

Diese werden dann in der IDoc-Anzeige mit angezeigt, sodass der Kontakt im Bedarfsfall unverzüglich hergestellt werden kann.

Nachbearbeitung: erlaubte Bearbeiter | Klassifikation | Telephonie

Telefonnummer	123456	
Länderschlüssel	DE	Deutschland
Name	Jost	
Firma	Super-Mart	

Abbildung 4.10: Partnervereinbarung – Anlage Telephonie

Anschließend müssen Sie für die Ausgangs- und Eingangsparameter die Nachrichtentypen definieren. Im Folgenden beschreibe ich die Parameter für die Ausgangsverarbeitung (siehe Abbildung 4.11). Die Einstellung der Eingangsparameter erfolgt analog.

Ausgangsparameter

Partnerr...	Nachrichtentyp	Nachr. Varia...	Nachr. Funkti...	Test	Empfänger...	I...	Pa...	Basistyp
AG	ORDRSP			☐	A000000004		1	ORDERS02

Abbildung 4.11: Partnervereinbarung – Anlage Ausgangsparameter

Bei den folgenden Eingaben handelt es sich um Muss-Eingaben, die für die Verarbeitung erforderlich sind. In diesem Beispiel möchten wir einem Kunden in der Partnerrolle AG (Arbeitgeber) eine Auftragsbestätigung zusenden. Dies ist der Nachrichtentyp *ORDRSP*. Als Empfängerport haben wir *A000000004* eingetragen, das Icon zeigt an, dass die Nachricht direkt in der Paketgrösse *1* verarbeitet wird. Bei ORDRSP handelt es sich um eine Nachricht des Basistyps *ORDERS02*.

Durch einen Doppelklick auf diese Zeile gelangen Sie zu den Details (siehe Abbildung 4.12).

Ausgangsoptionen | Nachrichtensteuerung | Nachbearbeitung: erlaubte Bearbeiter | Telephonie | E.

Empfängerport A000000004 Transaktionaler RFC Central system

Paketgröße 1 ❶

☐ Queueverarbeitung ❷

Ausgabemodus

◉ IDoc sofort übergeben ❸ Ausgabemodus 2

○ IDocs sammeln

IDoc-Typ ❹

Basistyp ORDERS02 Einkauf/Verkauf

Erweiterung

Sicht

☑ Abbrechen der Verarbeitung bei Syntaxfehler

Segmentrelease in IDoc-Typ Anw.-Rel. Segment

Abbildung 4.12: Partnervereinbarung – Anlage Detail

Die Paketgrösse ❶ gibt an, wie viele IDocs in einer Übertragung verarbeitet werden. Hierzu sollten Sie Folgendes bedenken: Wenn Sie die Paketgröße 1 wählen, dann wird jedes einzelne IDoc übertragen.

Falls es zu Fehlern in einzelnen IDocs kommt, werden die anderen IDocs trotzdem übertragen. Dies bietet sich bei der Übermittlung von Bestellungen an, da die einzelne Bestellung nicht von anderen Bestellungen abhängt. Denken wir aber an eine Bedarfsvorschau, die mittels DELFOR übermittelt wird, so kann es sinnvoll sein, dass alle IDocs – nämlich eines je Material – gesammelt übertragen werden, sodass der Empfänger der Nachricht diese auch gemeinschaftlich verarbeiten kann. Die Entscheidung werden Sie möglicherweise nicht allein treffen, sondern in Abstimmung mit Ihrem Geschäftspartner.

Versendung gesammelter IDocs

Wenn Sie IDocs über einen Dienstleister versenden, spielt sicherlich auch das Vergütungsmodell eine Rolle, ob Sie also für definierte Datenvolumen oder für die Anzahl der Nachrichten zahlen.

Wenn Sie die Queueverarbeitung aktivieren ❷, stellen Sie sicher, dass die IDocs in der Reihenfolge übergeben werden, in der diese erstellt wurden. Man spricht hier von der Serialisierung. Eine Serialisierung von Nachrichten ist immer dann sinnvoll, wenn die Informationen in den Dokumenten aufeinander aufbauen. Wenn Sie beispielsweise einen externen Dienstleister für die Lagerung von Fertigwaren beauftragt haben, ergibt es Sinn, wenn die Nachricht über eine Lieferung zu einem Kunden (Warenausgangsbuchung) vor der Nachricht mit dem aktuellen Lagerbestand in Ihrem System ankommt und verarbeitet wird.

Wie schon bei der Paketgröße ist auch die Einstellung unter ❸ IDoc sofort übergeben oder IDocs sammeln von vielen weiteren Faktoren abhängig, die mit den Partnern abgestimmt werden müssen. Neben den bereits zuvor genannten Gründen kann ein Anlass für die Sammlung der IDocs der Standort des Geschäftspartners sein. Wenn Empfänger und Sender einer Nachricht in unterschiedlichen Zeitzonen arbeiten, hat die Sammlung und Versendung von Nachrichten zu einem zuvor vereinbarten Zeitpunkt, an dem beide erreichbar sind, den Vorteil, dass im Fehlerfall eine schnelle Abstimmung und eine Bereinigung möglich sind.

Bei den Informationen zum IDoc-Typ ❹ können Sie kundenspezifische Erweiterungen eintragen. Darüber hinaus können Sie mithilfe der Sicht bestimmen, welche Felder übergeben werden. In einem IDoc sind nicht immer alle Felder notwendig, und Sie können auf diese Weise das Datenaufkommen reduzieren.

Anschließend definieren Sie die Nachrichtensteuerung (siehe Abbildung 4.13).

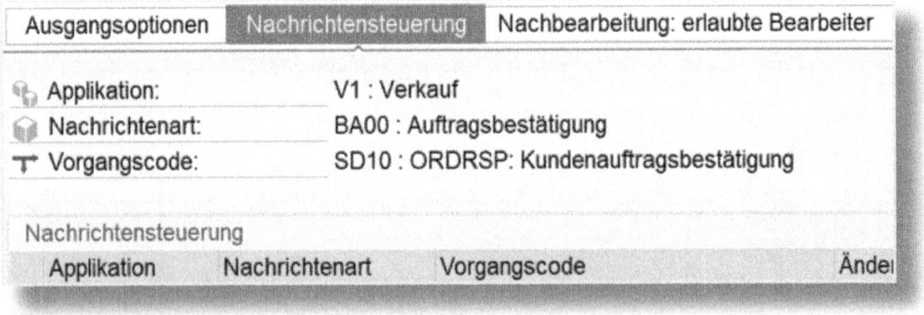

Abbildung 4.13: Partnervereinbarung – Anlegen Nachrichtensteuerung

Auf dieser Registerkarte werden Ihnen im ersten Bildbereich sofort drei Kernpunkte ins Auge springen: Applikation, Nachrichtenart und Vorgangscode.

Bei Applikation handelt es sich um ein Schlüsselfeld, das in der Nachrichtensteuerung zusammen mit der Nachrichtenart eindeutig den Nachrichtentyp und damit den zugeordneten IDoc-Typ identifiziert. Im Folgenden finden Sie weitere Beispiele für Applikationen:

- EV = Einkauf Rahmenvertrag
- MR = Rechnungsprüfung
- V1 = Verkauf

Wie erwähnt, wird der IDoc-Typ durch das Zusammenspiel der Faktoren »Nachrichtenart« und »Applikation« identifiziert. Nachrichtenarten bestimmen das Formular, das verwendet wird, um eine Nachricht zu einem internen oder externen Partner zu versenden. Im Folgenden finden Sie weitere Beispiele für Nachrichtenarten im Vertrieb:

- LP00 = Lieferplan
- AF00 = Anfrage
- AN00 = Angebot

Nachrichtentypen und Applikationen

Bei der Auftragsbestätigung handelt es sich um den IDoc-Typ ORDERS mit dem Nachrichtentyp ORDRSP. Der IDoc-Typ ORDERS wird auch für die Übermittlung von Bestellungen verwendet, sei es für Bestellungen zum Lieferanten oder für eingehende Bestellungen von Kunden.

Wie eine Nachricht interpretiert wird, hängt dann davon ab, für welchen Vorgang eine Nachricht erstellt oder empfangen wurde und um welche Nachrichtenart es sich handelt.

Die Zuordnung der Verarbeitung in der Partnervereinbarung wird nicht direkt, sondern über Vorgangscodes vorgenommen. So können Sie, falls sich eine Verarbeitung ändert, über die Anpassung des Vorgangscodes die Verarbeitung für viele Geschäftspartner mit einem Arbeitsschritt ändern.

In der Partnervereinbarung werden zwei Arten von Vorgangscodes verwendet:

- Der Vorgangscode *Ausgang* steuert die Erstellung des IDocs in der IDoc-Schnittstelle über die Zuordnung des dafür zuständigen Funktionsbausteins.
- Der Vorgangscode *Eingang* benennt den Funktionsbaustein oder Workflow, der die IDoc-Daten liest und an die Anwendung übergibt.

Die Vorgangscodes *System* und *Status* geben den Pfad für die Ausnahmebehandlung vor. Dabei ist dem Vorgangscode System ein Workflow für den Ausnahmefall im Ein- oder Ausgang zugeordnet. Der Vorgangscode Status wird bei einem Ausnahmefall in der Statusverarbeitung aktiviert.

Sie können auch auf der Ebene des Nachrichtentyps »Benutzer« definieren, wer im Fehlerfall informiert wird (siehe Abbildung 4.14).

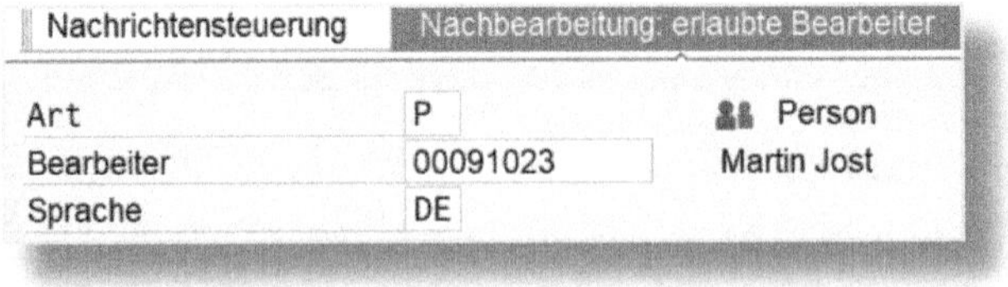

Nachrichtensteuerung | Nachbearbeitung: erlaubte Bearbeiter

Art	P	Person
Bearbeiter	00091023	Martin Jost
Sprache	DE	

Abbildung 4.14: Partnervereinbarung – Anlegen Nachbearbeiter auf Nachrichtentypebene

Wenn Sie keine Werte eingeben, gelten für diesen Nachrichtentyp die Einstellungen, die Sie zuvor auf der Ebene der Partnervereinbarung gewählt haben. Wenn Sie hier Werte eingeben, sind sie nur für diesen Nachrichtentyp gültig.

Es ist sinnvoll, diese Option zu nutzen, wenn es z. B. definierte Sachbearbeiter oder Spezialisten für die Bearbeitung von Nachrichten dieses Typs gibt. Damit verkürzen Sie die Nachbearbeitungszeit, da die Informationen direkt an die richtige Person gesendet werden.

Entsprechendes gilt auch für die Parameter, die Sie unter Telephonie hinterlegen können. Wenn für alle Nachrichtentypen die gleichen Einstellungen gelten, ist eine Bearbeitung auf der Basis des Nachrichtentyps nicht notwendig (siehe Abbildung 4.15).

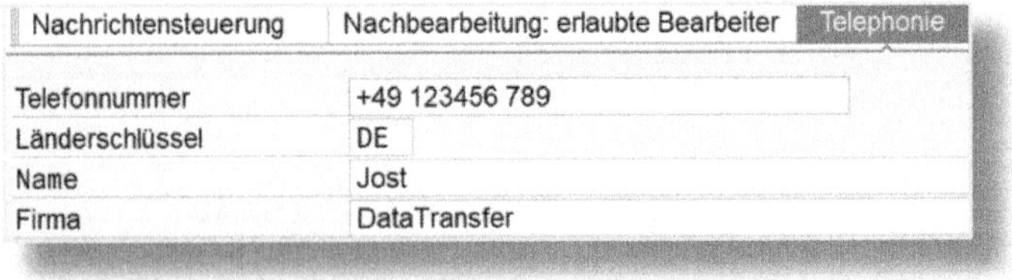

Nachrichtensteuerung | Nachbearbeitung: erlaubte Bearbeiter | Telephonie

Telefonnummer	+49 123456 789
Länderschlüssel	DE
Name	Jost
Firma	DataTransfer

Abbildung 4.15: Partnervereinbarung anlegen – Ausgangsparameter Telephonie

Verwendung spezifischer Bearbeiter für Nachrichtentyp

Wenn Sie die Werte für die Nachbearbeitung oder die Telephonie auf der Ebene des Nachrichtentyps verwenden, müssen Sie daran denken, diese ggf. zu löschen oder zu ändern, wenn Sie diesen Partner als Vorlage nutzen.

4.5 WE19: Testwerkzeug für die IDoc-Verarbeitung

Für die Tests der ersten IDocs, die mit einem neuen Geschäftspartner ausgetauscht werden, oder für die Bearbeitung fehlerhafter IDocs ist die Transaktion *WE19* hilfreich. Diese zeigt das IDoc in einem gut verständlichen und editierbaren Modus an.

Sollte es also zu Fehlern beim Versand, Empfang oder der IDoc-Verarbeitung kommen, können Sie diese Transaktion nutzen, um das IDoc zu bearbeiten, und eine erneute Verarbeitung anstoßen. Im Beispiel wählen wir den Einstieg über die IDoc-Nummer (siehe Abbildung 4.16).

Testwerkzeug für die IDoc-Verarbeitung

Vorlage für Test

⦿ existierendes IDoc	800755
○ Basistyp	
mit Erweiterung	
○ über Nachrichtentyp	
○ Datei als Vorlage	☐ Unicode
○ ohne Vorlage	

Abbildung 4.16: WE19 – Testwerkzeug für die IDoc-Verarbeitung, Einstieg

Nachdem Sie den Button zur Ausführung angeklickt haben, wird Ihnen das IDoc angezeigt, und Sie können die Felder entsprechend editieren (siehe Abbildung 4.17).

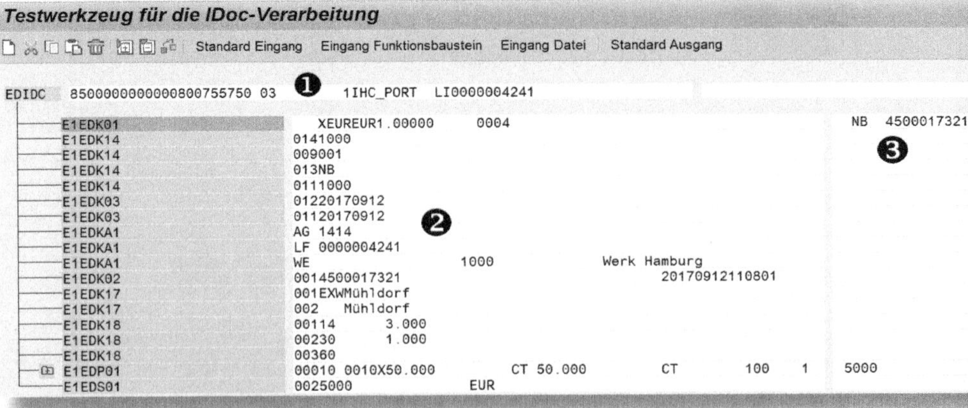

Abbildung 4.17: WE19 – Anzeige IDoc

Diese Funktion ist sehr umfangreich, und Sie können das IDoc in vielen Punkten ändern. Unter ❶ können Sie die Kontrollsatzfelder editieren. Klicken Sie hierfür doppelt auf die IDoc-Nummer, um die in Abbildung 4.18 gezeigte Ansicht zu erhalten.

Kontrollsatzfelder editieren

Empfänger		Absender	
Port	IHC_PORT	Port	SAPI68
Partnernummer	0000004241	Partnernummer	I68CLNT850
Partnerart	LI	Partnerart	LS
Partnerrolle	LF	Partnerrolle	

Logischer Nachrichtentyp	
Nachrichtentyp	ORDERS
Nachrichtenvariante	
Nachrichtenfunktion	

☑ Testkennzeichen

Alle Felder

Abbildung 4.18: WE19 – Kontrollsatzfelder editieren

Wenn Sie beispielsweise einen neuen Port angelegt haben, können Sie anhand eines bestehenden IDocs die Verarbeitung in diesem Port testen, Gleiches gilt auch für die Partnernummern. Theoretisch können Sie auch den Nachrichtentyp ändern. Ich habe an dieser Stelle zwar kein praktisches Beispiel zur Hand, aber die Anpassung der Variante oder der Nachrichtenfunktion ist im Tagesgeschäft durchaus möglich, wenn Sie etwa die Verarbeitung einer Bestelländerung (ORDCHG) testen möchten. Hervorheben möchte ich in diesem Bild besonders das Testkennzeichen. Gerade wenn Sie mit Geschäftspartnern den Nachrichtenaustausch prüfen, ist dieses Kennzeichen der Hinweis, dass die Nachricht nicht im Produktivsystem verarbeitet werden soll, sondern im Testsystem.

Sie können zudem alle Felder der Datei (❷ in Abbildung 4.17) sowohl inhaltlich als auch über den Qualifier bearbeiten (siehe Abbildung 4.19). Auch in diesem Fall hilft Ihnen ein Doppelklick auf den Eintrag in dem Segment, das Sie ändern möchten. So könnten Sie im Segment E1EDK03 (Datumssegment im Belegkopf) das Datum statt über den Qualifier *012* (Belegdatum, in diesem Fall das Bestelldatum) auch über den Qualifier 11 (Erstellungsdatum des Belegs) definieren. Das ist zwar im laufenden Geschäft nicht sehr sinnvoll, aber für Testzwecke manchmal erforderlich.

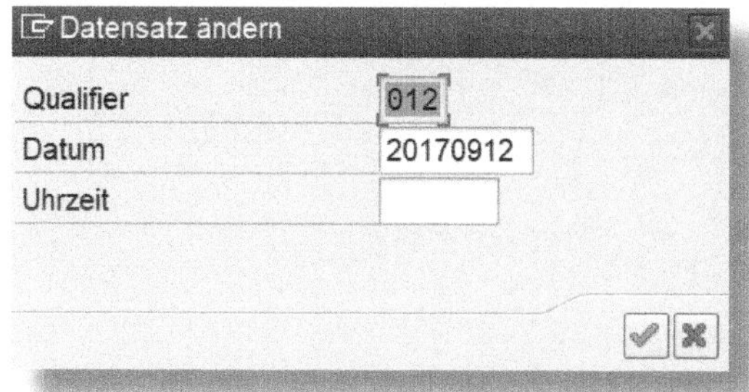

Abbildung 4.19: WE19 – Datensatz ändern

Sie finden in der Ansicht von Abbildung 4.17 aber auch die Informationen zu dem Beleg, aus dem dieses IDoc erzeugt wurde ❸. Damit ist die Überprüfung der korrekten Verarbeitung eines IDocs ein wenig erleichtert, da Sie schnell überblicken können, in welchem Beleg Sie nachsehen müssen.

Theoretisch können Sie diese Belegnummern ändern, aber auch hier gilt: Das kann im Testfall notwendig sein, ist im Tagesgeschäft jedoch nicht ratsam, da es anderenfalls eine Inkonsistenz zwischen den Belegen in der Datenbank und den IDocs und damit den Daten bei Ihrem Geschäftspartner gäbe.

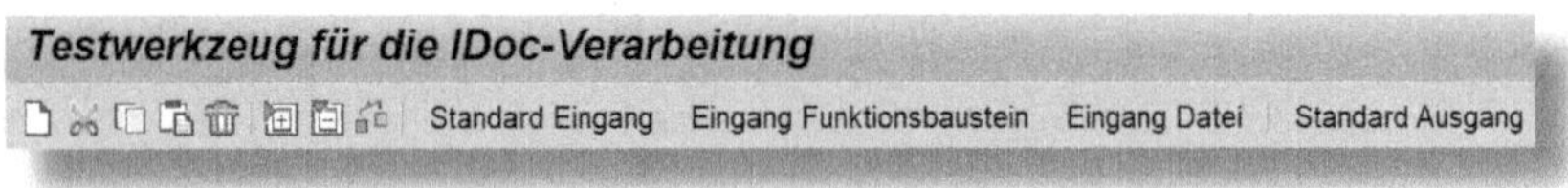

Abbildung 4.20: WE19 – Verarbeitung der IDocs

Wenn Sie das IDoc entsprechend Ihren Anforderungen geändert haben, können Sie im Menü (siehe Abbildung 4.20) auswählen, welche Verarbeitungsroutine gestartet werden soll. Dies hängt davon ab, ob es sich um eine Eingangs- oder Ausgangsnachricht handelt, ob der Eingang über einen Funktionsbaustein oder über ein Dateisystem erfolgt oder ob Sie die Nachrichten im Standardein- oder ausgang verarbeiten. In diesem Fall haben wir eine Bestellung, die über den Standardausgang verarbeitet wird. Wenn wir also den entsprechenden Button Standard Ausgang wählen, wird die Maske in Abbildung 4.21 angezeigt.

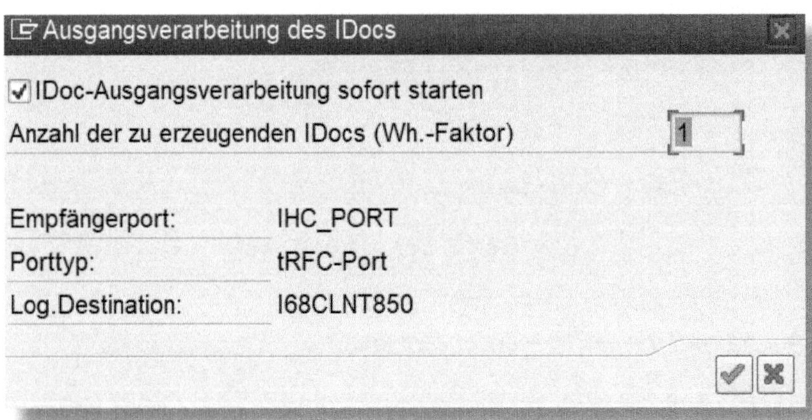

Abbildung 4.21: WE19, Standard Ausgang – IDoc erneut verarbeiten

Hier sind alle notwendigen Parameter bereits definiert, Sie können lediglich die Anzahl der IDocs bestimmen, die erzeugt werden sollen. Wenn Sie nun die Bestätigungstaste (grüner Haken) oder die `Enter`-Taste wählen, wird das IDoc erstellt, und Sie erhalten eine Bestätigungsmeldung (siehe Abbildung 4.22).

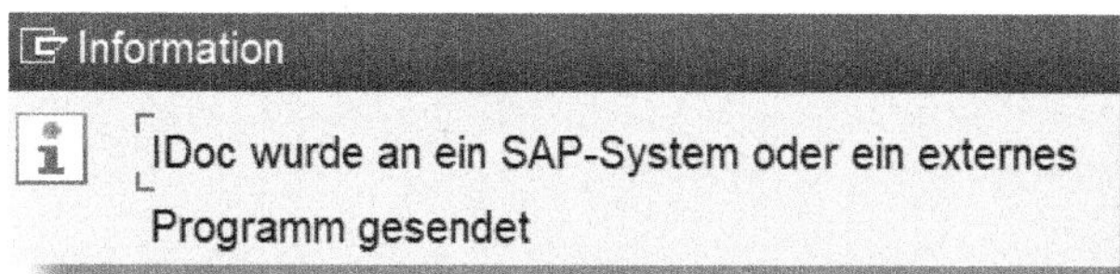

Abbildung 4.22: WE19, Standard Ausgang – IDoc erneut verarbeiten, Bestätigung

Wenn Sie diese Meldung bestätigen, wird am unteren Bildschirmrand die neue IDoc-Nummer angezeigt.

IDoc Nr. 0000000000804745 wurde auf der Datenbank abgespeichert

Insgesamt können Sie mit dieser Transaktion auch ohne Programmierkenntnisse ein IDoc anpassen, indem Sie einen neuen Knoten über diesen Button anlegen, Segmente in die Zwischenablage speichern sowie über den Button ausschneiden, kopieren und einfügen.

Achtung beim Aufbau von Test-IDocs

Auch dem versiertesten SAP-Profi passiert es hin und wieder, dass er verzweifelt die Ursache für ein nicht verarbeitetes IDoc sucht. Dabei kann die Ursache eine ganz einfache sein, nämlich dass Sie beispielsweise beim Editieren der Segmente nicht bedacht haben, dass möglicherweise keine Belegnummer vorliegt oder eine Partnervereinbarung noch nicht erstellt wurde. Es ist also durchaus sinnvoll, sich vorab die entsprechenden Daten herauszusuchen, um den Test schneller zu durchlaufen.

4.6 WE02 und WE05: IDoc-Liste

Die Transaktionen *WE02* und *WE05* zeigen eine Liste von IDocs an, die Sie zuvor selektiert haben (siehe Abbildung 4.23).

Da es sich hierbei um nahezu identische Funktionen handelt, die sowohl im Aufbau der Selektion als auch im Ergebnis auf den ersten Blick keine entscheidenden Unterschiede erkennen lassen, werde ich hier exemplarisch die Funktion WE02 vorstellen.

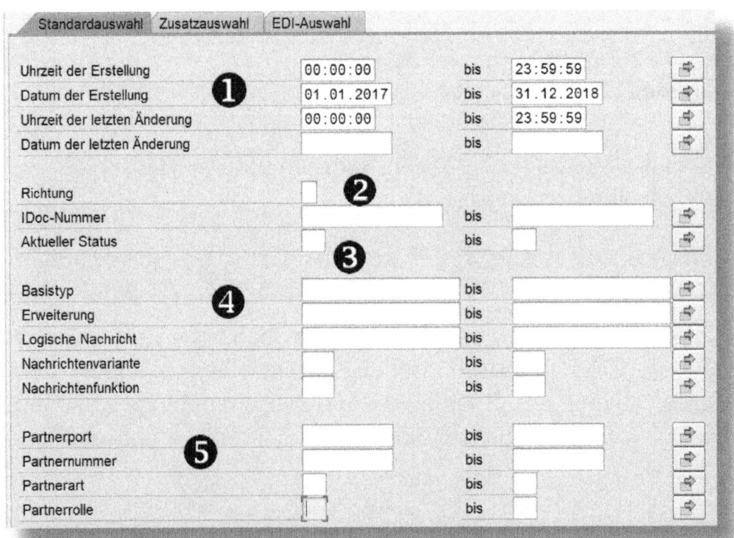

Abbildung 4.23: WE02 – Standardauswahl

Mithilfe der Transaktion *WE02* können Sie ein tägliches Controlling aufsetzen, indem Sie sich alle IDocs des Vortags ausgeben lassen ❶.

Sie können für diese Anzeige zusätzlich die RICHTUNG einschränken (Eingang oder Ausgang) ❷ sowie den STATUS ❸, da die Darstellung von fehlerfrei versendeten oder verarbeiteten IDocs im täglichen Controlling nicht sinnvoll erscheint.

Ebenso können Sie entscheiden, welchen Basistyp ❹ Sie sich anzeigen lassen möchten und welche Partner involviert sind ❺. In unserem Beispiel wollen wir alle IDocs der letzten zwei Jahre sehen, um jeden in diesem Testsystem verwendeten Typ in der Auswertung wiederzufinden (siehe Abbildung 4.24).

Selektion in den Transaktionen WE05/WE02

Wenn Sie im SAP-System eine Selektion aufrufen, werden alle Filter ignoriert, wenn Sie eine eindeutige Nummer eingeben. Dies ist bei diesen beiden Transaktionen nicht der Fall. Wenn Sie also ein bestimmtes IDoc suchen und vorher vergessen, das Datum aus der Selektionsmaske zu entfernen, werden Sie im Zweifel kein passendes IDoc finden, es sei denn, dieses ist am selben Tag erstellt worden.

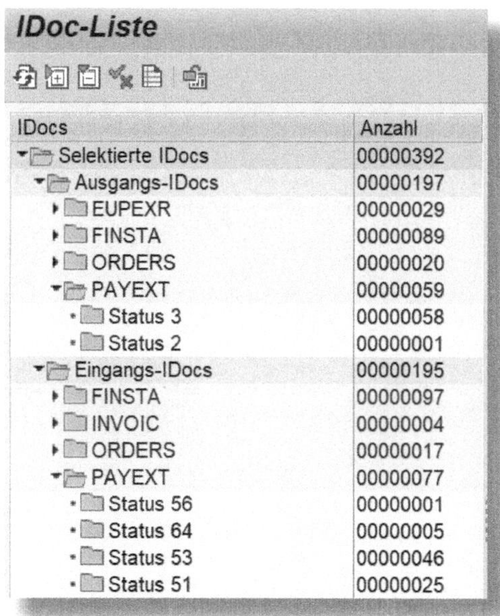

Abbildung 4.24: WE02, IDoc-Liste – Übersicht

Icon für die Liste zu einem speziellen Segment

Über können Sie sich die Segmente mehrerer IDocs anzeigen lassen. Dies vereinfacht Ihnen die tägliche Arbeit, wenn Sie z. B. wissen, dass ein Kunde zu mehreren Nachrichten des Typs ORDERS fehlerhafte, nicht verarbeitbare IDocs gesendet hat.

Über die Auswahl des Senders und des IDoc-Status, in diesem Fall die 51, können Sie sich die Belege in der Baumstruktur vorselektieren. Anschließend können Sie über den Button das Segment eintragen, das die entsprechende Information enthält, und Sie bekommen eine Liste aller Belegnummern, ohne die IDocs manuell durchklicken zu müssen.

Sie finden hier alle Ausgangs- und Eingangs-IDocs. Wenn Sie mithilfe des Pfeils eine Nachricht aufklappen, sehen Sie alle Status der Nachrichten. Auf diese Weise können Sie die Nachrichten selektieren, die Sie überarbeiten müssen.

Wenn Sie sich jetzt das IDoc vom Typ PAYEXT auf der Ausgangsseite mit Status *02* (Fehler bei der Übergabe an Port) anzeigen lassen, dann sehen Sie auf der linken Seite eine Zusammenfassung dieses IDocs (siehe Abbildung 4.25).

IDoc

Ausgangs-IDocs PAYEXT Status: 02

IDoc-Nummer	Segment	Status	Stats	Partner	Basistyp	ErstDatum	ErstUzeit	Nachr.typ	Richtung	Port
0000000000796749	22	02		LS/ /LOCAL	PEXR2002	22.08.2017	06:38:20	PAYEXT	Ausgang	NONE

Abbildung 4.25: WE02, IDoc-Liste – Einzelansicht

Bereits in dieser Übersicht können Sie sehen, dass dem IDoc kein Port (*NONE*) zugeordnet wurde.

Um sich die Fehlermeldung detailliert ansehen zu können, können Sie durch einen Doppelklick auf die IDoc-Nummer in das Original abspringen (siehe Abbildung 4.26). Dort können Sie im Statussegment weitere Informationen zu diesem Fehler einsehen, was in diesem Fall bedeutet, dass in der Partnervereinbarung kein Port hinterlegt wurde.

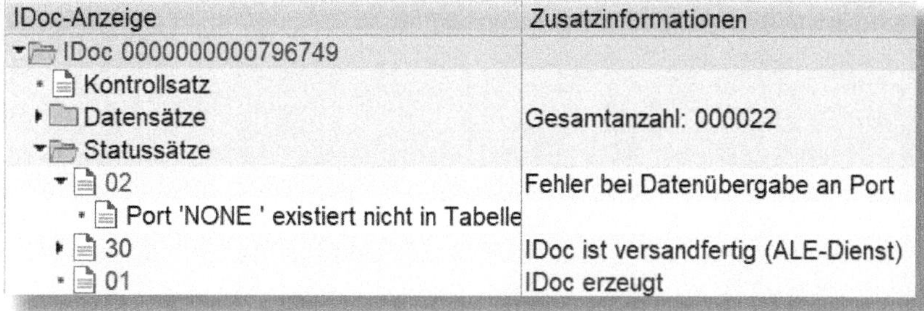

Abbildung 4.26: WE02, IDoc-Liste – Anzeige Statusmeldung

Regelmäßige Verwendung der WE02/WE05

Wenn Sie eine oder beide der oben genannten Transaktionen regelmäßig nutzen, wird es Ihnen den Arbeitstag erleichtern, wenn Sie sich eine Variante für häufig wiederkehrende Auswertungen anlegen. Ich empfehle Ihnen, sich für das tägliche Controlling einen Job einzurichten, der das Ergebnis per E-Mail an den Verantwortlichen versendet.

4.7 WE09: IDoc-Suche nach betriebswirtschaftlichem Inhalt

Mit der Transaktion *WE09* können Sie IDocs nach Inhalten suchen. Der Aufbau der Funktion gleicht im Einstiegsbereich den Transaktionen *WE02 und WE05*. Wenn Sie aber nach unten scrollen, finden Sie weitere Selektionsoptionen, die sich auf den Inhalt der Dokumente beziehen.

Wenn Sie sich alle IDocs zu einer Bestellung anzeigen lassen möchten, können Sie dies mit der Auswahl in Abbildung 4.27 erreichen.

Schneller Suchmodus

- [ ] Höchstens ein Segment pro IDoc
- [x] In allen Segmenten suchen

Kriterien für die Suche in den Datensätzen

Suchen in Segment ...	
Suchen in Feld ...	
nach Wert ...	4500017321
und Suchen in Feld ...	
nach Wert ...	

Abbildung 4.27: WE09, Suche nach Inhalten – Selektion

Wenn Sie den Report nun ausführen, erhalten Sie eine Übersicht aller IDocs, die zu dieser Bestellung erstellt wurden, mit dem Status und einer Beschreibung (siehe Abbildung 4.28). Diese Transaktion eignet sich vor allem dann, wenn der Benutzer wenig Erfahrung im Bereich EDI hat, sich aber dennoch über den Prozess und mögliche Fehler informieren möchte.

IDoc-Suche nach betriebswirtschaftlichem Inhalt

IDoc-Nummer	Datum	Uhrzeit	Richtung	Partner Nummer	Status	Beschr.	IDoc-Typ	Nachr.typ	Test	Port
00❶000800752	12.09.2017	11:08:11	1	LI/LF/0000004241	02	Fehler bei Datenübergabe an Port	❹	ORDERS	❺	XI_00_800
000000000800754	12.09.2017	11:40:03	1 ❷	LI/LF/0000004241	02	Fehler bei Datenübergabe an Port		ORDERS		XI_00_800
000000000800755	12.09.2017	11:42:45	1	LI/LF/0000004241	03	Datenübergabe an Port OK ❸		ORDERS		IHC_PORT
000000000800756	12.09.2017	11:42:54	2	LS/ /I68CLNT850	56	Fehlerhaftes IDoc hinzugefügt		ORDERS		
000000000804745	26.07.2018	13:29:40	1	LI/LF/0000004241	03	Datenübergabe an Port OK		ORDERS		IHC_PORT
000000000804746	26.07.2018	13:32:15	2	LS/ /I68CLNT850	56	Fehlerhaftes IDoc hinzugefügt		ORDERS		

Abbildung 4.28: WE09, Suche nach Inhalten – Ergebnis

Hier finden Sie eine Übersicht mit ausführlichen Informationen zu den Dateien. Bereich ❶ zeigt die IDoc-Nummer, das Datum der Erstellung und die Uhrzeit an, unter ❷ finden Sie die Partnerinformationen, in diesem Fall einen Lieferanten (LI/LF) und die zugehörige

Lieferantennummer (4241). Des Weiteren finden Sie den Status der Verarbeitung und einen erklärenden Text zum Status ❸. Den Nachrichtentyp sehen Sie unter ❹ und den Port unter ❺. Sie können nun analysieren, weshalb die Nachrichten nicht versendet wurden bzw. welcher geänderte Parameter dazu geführt hat, dass doch eine erfolgreiche Versendung stattgefunden hat.

Auch hier können Sie durch einen Doppelklick auf die IDoc-Nummer in das entsprechende Dokument abspringen.

Ein Fall, in dem die Suche nach Inhalten geholfen hat

In unserem Unternehmen hat ein Einkäufer in Abstimmung mit dem Lieferanten einige Lieferantenmaterialbezeichnungen im Materialstamm um ein »*« erweitert, sodass der Lieferant diesen noch einen kundenspezifischen Zusatz beifügen konnte. Dabei war jedoch nicht bedacht worden, dass das »*« bei den EDI-Nachrichten als Trennzeichen vereinbart worden war, weshalb nach Änderung der Einkaufsinfosätze keine Nachricht mehr verarbeitet werden konnte. Da wir bei diesem Lieferanten Hunderte von Materialien per VMI bezogen, gab es auch eine tägliche Bedarfsvorschau und einen Lagerbestandsbericht, wodurch wir mithilfe von WE09 ermitteln konnten, welche IDocs betroffen waren.

4.8 BD87: IDocs auswählen

Mithilfe der Transaktion *BD87* können Sie die Verarbeitung von IDocs anstoßen, die noch gar nicht verarbeitet wurden, weil beispielsweise der Job zur Versendung des IDocs noch nicht gestartet wurde. Außerdem können Sie IDocs neu verarbeiten lassen, die z. B. aufgrund fehlender Einstellungen im SAP-System nicht versendet oder verarbeitet werden konnten. Die Selektionsmaske ist ähnlich aufgebaut wie die der Transaktionen *WE02* oder *WE05*. Hervorheben möchte ich hier die Möglichkeit, nach Businessobjekten zu selektieren. Businessobjekte sind z. B. Material, Geschäftspartner, Kundenauftrag oder Bestellung. Wenn Sie z. B. einen Kunden auf den Empfang von Kundenaufträgen per EDI umgestellt haben, können Sie mit *BD87* prüfen, ob Sie die Aufträge auch erhalten und verarbeitet haben (siehe Abbildung 4.29).

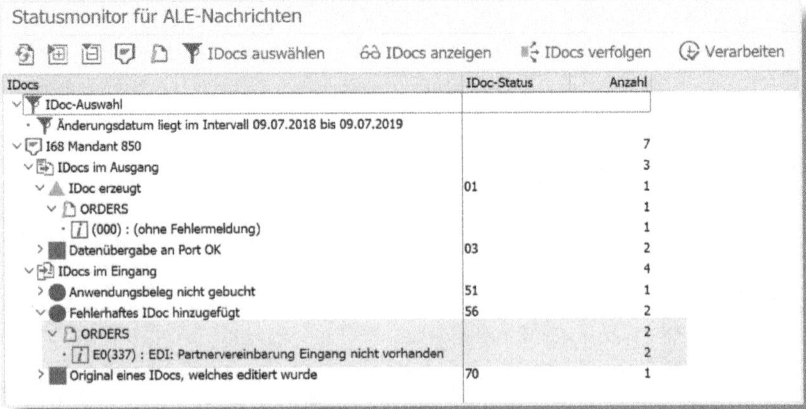

Statusmonitor für ALE-Nachrichten

IDocs auswählen | IDocs anzeigen | IDocs verfolgen | Verarbeiten

IDocs	IDoc-Status	Anzahl
IDoc-Auswahl		
Änderungsdatum liegt im Intervall 09.07.2018 bis 09.07.2019		
I68 Mandant 850		7
IDocs im Ausgang		3
IDoc erzeugt	01	1
ORDERS		1
(000) : (ohne Fehlermeldung)		1
Datenübergabe an Port OK	03	2
IDocs im Eingang		4
Anwendungsbeleg nicht gebucht	51	1
Fehlerhaftes IDoc hinzugefügt	56	2
ORDERS		2
E0(337) : EDI: Partnervereinbarung Eingang nicht vorhanden		2
Original eines IDocs, welches editiert wurde	70	1

Abbildung 4.29: BD87 – Statusanzeige gesamt

Wie wir hier sehen können, sind die Nachrichtentypen ORDERS zwar im System angekommen, wurden aber aufgrund der fehlenden Partnervereinbarung nicht verarbeitet. Wenn Sie mit Doppelklick eine Fehlermeldung wählen, erhalten Sie eine Übersicht darüber, welche IDocs nicht verarbeitet werden konnten (siehe Abbildung 4.30).

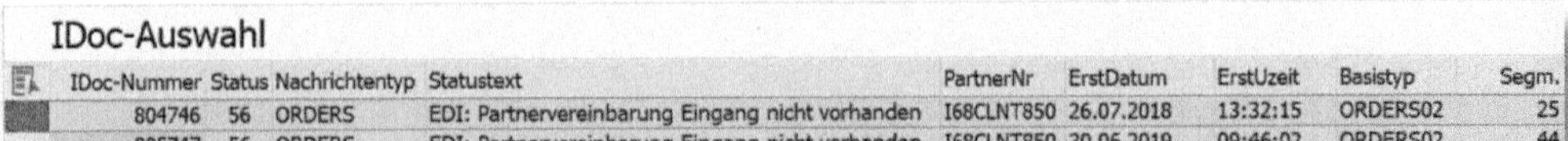

IDoc-Auswahl

IDoc-Nummer	Status	Nachrichtentyp	Statustext	PartnerNr	ErstDatum	ErstUzeit	Basistyp	Segm.
804746	56	ORDERS	EDI: Partnervereinbarung Eingang nicht vorhanden	I68CLNT850	26.07.2018	13:32:15	ORDERS02	25
805747	56	ORDERS	EDI: Partnervereinbarung Eingang nicht vorhanden	I68CLNT850	30.06.2019	09:46:02	ORDERS02	44

Abbildung 4.30: BD87 – Statusanzeige IDoc: Anzeige Liste

Mit dieser Liste können Sie herausfinden, welche Partnernummer betroffen ist. Anschließend können Sie diese entsprechend nachbearbeiten, damit die IDocs verarbeitet werden können. Ein Vorteil dieser Transaktion ist die Möglichkeit, die Liste der IDocs nach Excel zu exportieren. Wenn Sie eine große Anzahl fehlerhafter IDocs vorfinden, die Sie dann in mehreren Schritten erneut verarbeiten lassen möchten, können Sie durch die Filterung in Excel eine Vorselektion vornehmen und über das Einfügen von Daten im Zwischenspeicher diese Vorselektion für die Wiederholung vorgeben.

Wenn Sie die IDocs identifiziert und selektiert haben, die Sie noch einmal versenden oder verarbeiten lassen möchten, wählen Sie im Statusmonitor Verarbeiten. Die Verarbeitung der IDocs wird erneut angestoßen.

4.9 Allgemeine Transaktionen für die Nachrichtensteuerung

Abschließend möchte ich Ihnen noch eine Liste der Transaktionen mit an die Hand geben, mit denen Sie die Nachrichtensteuerung für verschiedene Objekte einstellen können, ohne dass Sie sich mit den Transaktionen *NACE* oder *NACR* auskennen müssen (siehe Abbildung 4.31).

	Anlegen	Ändern	Anzeigen
Verkauf	VV11	VV12	VV13
Versand	VV21	VV21	VV21
Faktura	VV31	VV31	VV31
Handling Units	VV61	VV61	VV61
Transport	VV71	VV71	VV71
Bestellungen	MN04	MN04	MN04
Anlieferung	MN24	MN24	MN24
Lieferplan	MN10	MN10	MN10
Rechnungsprüfung	MRM1	MRM2	MRM3

Abbildung 4.31: Übersicht Transaktionen Nachrichtensteuerung

5 Aufbau und Ablauf der Kommunikation

In diesem Kapitel erkläre ich Ihnen, welche Voraussetzungen zu erfüllen sind, damit eine Kommunikation auf elektronischem Weg möglich ist. In jeweils einem Beispiel erfahren Sie, was Sie tun müssen, um ein Inbound-IDoc zu verarbeiten bzw. ein Outbound-IDoc zu erzeugen.

5.1 Empfang von Transaktionsdaten

Jeder Prozess, der sich durch einen gewissen Standardisierungsgrad und durch seine Häufigkeit auszeichnet, ist dazu geeignet, elektronisch abgebildet zu werden. Die logistischen Prozesse rund um Vertrieb und Beschaffung sind deshalb für eine Automatisierung prädestiniert.

Im SAP-System unterscheiden wir grundsätzlich zwischen Stammdaten und Bewegungs- oder Transaktionsdaten. Stammdaten sind z. B. Lieferanten- und Kundenstämme, Materialstammsätze oder Mitarbeiterstammsätze. Transaktions- oder Bewegungsdaten sind Bestellungen, Rechnungen oder auch Wareneingangsbuchungen.

Im folgenden Beispiel erläutere ich, was Sie tun müssen, damit Sie ein eingehendes IDoc, in diesem Fall eine Kundenbestellung, verarbeiten können.

5.1.1 Empfang von Kundenaufträgen

Wenn Sie es schaffen, mit Ihren Kunden den Versand von elektronischen Nachrichten einzuführen, haben Sie damit einen großen Schritt in Richtung Prozesssicherheit und Eliminierung von manueller Arbeit getan. In vielen Geschäftsbereichen ist der Empfang mehrerer Hundert Bestellpositionen täglich keine Seltenheit; denken wir nur an die

Lebensmittelindustrie, in der eine große Lagerhaltung aufgrund der begrenzten Haltbarkeit von Produkten keine Alternative für deren Kunden darstellt. Diese Bestellpositionen müssen dann sämtlich ins System aufgenommen und verarbeitet werden. Sollten Sie all diese Aufträge manuell erfassen wollen, führt dies nicht nur zu einem erhöhten Risiko von Erfassungsfehlern, sondern bindet auch wertvolle Ressourcen.

Im folgenden Beispiel möchte ich Ihnen den elektronischen Empfang von Kundenbestellungen erläutern.

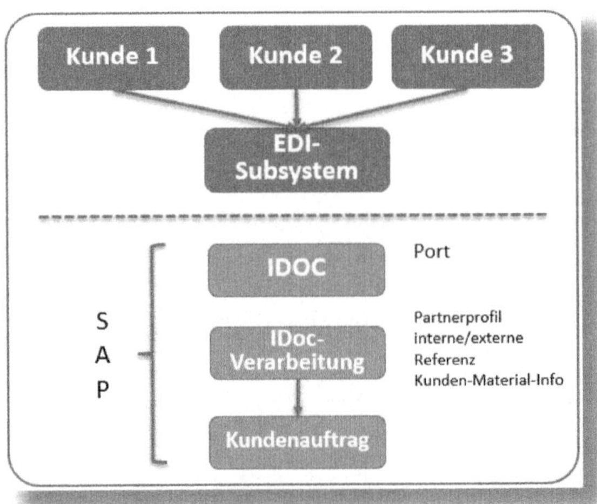

Abbildung 5.1: Empfang ORDERS – Aufbau

In Abbildung 5.1 sehen Sie eine vereinfachte Darstellung der Prozessschritte. Ihre *Kunden* werden die Aufträge zu einem *EDI-Subsystem versenden*, das meist von einem Dienstleister verwaltet wird. Dieser Dienstleister verteilt die Nachrichten an die entsprechenden Empfänger, in diesem Fall den *Port*. Anschließend wird in der IDoc-Verarbeitung ermittelt, für welche Verkaufsorganisation dieser Kundenauftrag empfangen wurde, um diesen dann in einen SAP-Kundenauftrag umzuwandeln.

Hierzu benötigen wir, wie in den Abschnitten 3.2 und 3.3 beschrieben, einen Port und eine Partnervereinbarung. In der Partnervereinbarung müssen wir den Nachrichtentyp ORDERS für eingehende Nachrichten aufnehmen (siehe Abbildung 5.2).

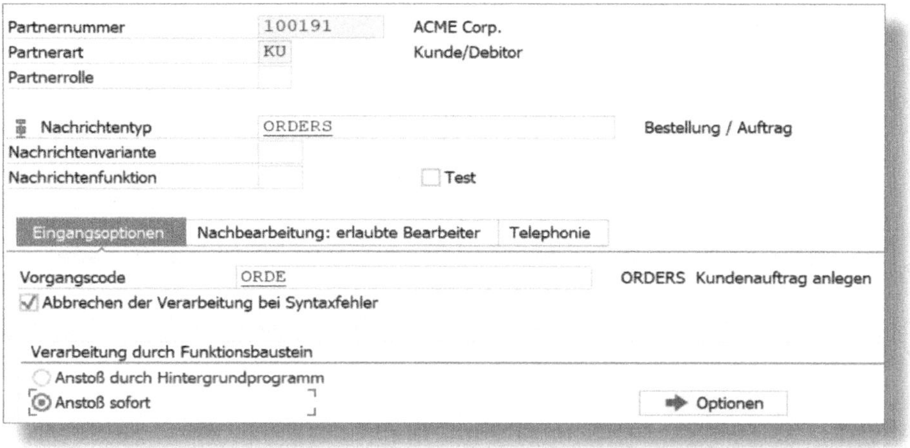

Partnernummer	100191	ACME Corp.
Partnerart	KU	Kunde/Debitor
Partnerrolle		
Nachrichtentyp	ORDERS	Bestellung / Auftrag
Nachrichtenvariante		
Nachrichtenfunktion		Test

Eingangsoptionen | Nachbearbeitung: erlaubte Bearbeiter | Telephonie

Vorgangscode ORDE — ORDERS Kundenauftrag anlegen

Abbrechen der Verarbeitung bei Syntaxfehler

Verarbeitung durch Funktionsbaustein

Anstoß durch Hintergrundprogramm

Anstoß sofort

Optionen

Abbildung 5.2: Empfang ORDERS – Partnervereinbarung

Besonders hervorheben möchte ich in diesem Fall den Vorgangscode, in diesem Fall ORDE. Er bestimmt, wie das IDoc verarbeitet werden soll, also für welchen Prozess dieses IDoc Informationen enthält. Vorgangscodes werden mithilfe der Transaktion *WE42* verwaltet. Wenn Sie jedoch wissen möchten, für welchen Nachrichtentyp Ihnen welche Vorgangscodes für eingehende oder ausgehende Nachrichten zur Verfügung stehen, ist es einfacher, einen Blick in die Transaktion *WE64* zu werfen (siehe Abbildung 5.3).

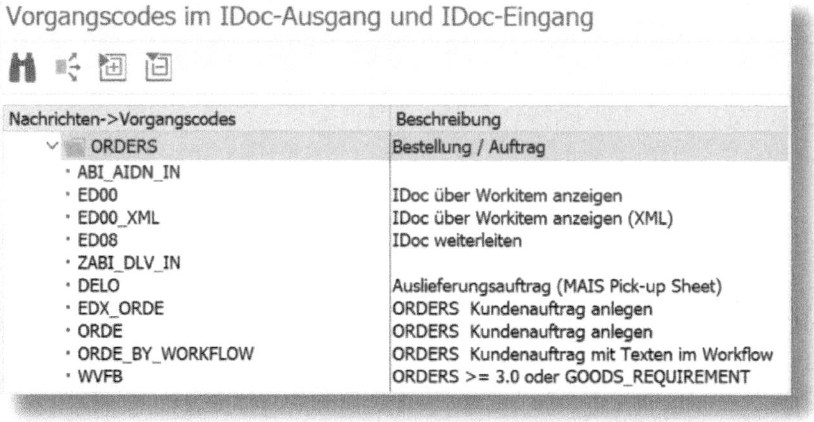

Vorgangscodes im IDoc-Ausgang und IDoc-Eingang

Nachrichten->Vorgangscodes	Beschreibung
ORDERS	Bestellung / Auftrag
ABI_AIDN_IN	
ED00	IDoc über Workitem anzeigen
ED00_XML	IDoc über Workitem anzeigen (XML)
ED08	IDoc weiterleiten
ZABI_DLV_IN	
DELO	Auslieferungsauftrag (MAIS Pick-up Sheet)
EDX_ORDE	ORDERS Kundenauftrag anlegen
ORDE	ORDERS Kundenauftrag anlegen
ORDE_BY_WORKFLOW	ORDERS Kundenauftrag mit Texten im Workflow
WVFB	ORDERS >= 3.0 oder GOODS_REQUIREMENT

Abbildung 5.3: Empfang ORDERS – Vorgangscodes WE64

Um den Kundenauftrag richtig zuordnen zu können, müssen wir einige Parameter in unserem SAP-System definieren. Neben den technischen Informationen, die ich vorab beschrieben habe, sind auch die Inhalte richtig zuzuweisen. Dazu sind im System folgende Informationen zu hinterlegen:

- Wer schickt den Auftrag?
- Welche weiteren Partnerrollen werden in diesem Auftrag genutzt?
- Was bestellt der Kunde?

Im Folgenden arbeiten wir die drei Punkte der Reihe nach ab und kommen so zu einem eingehenden Dokument, das von SAP zu einem Kundenauftrag verarbeitet werden kann.

Ein Kundenauftrag in SAP erfordert einige Informationen, die der Kunde in seinem Kundenauftrag nicht mitsenden wird. Dazu zählen u. a. die Verkaufsorganisation, der Vertriebsweg und die Sparte, aber auch die Information, um welche Art von Kundenauftrag es sich handelt.

Mithilfe der Transaktion *VOE2* werden diese Informationen dem Kunden zugeordnet, sodass sie bei der Verarbeitung des IDocs genutzt werden können (siehe Abbildung 5.4).

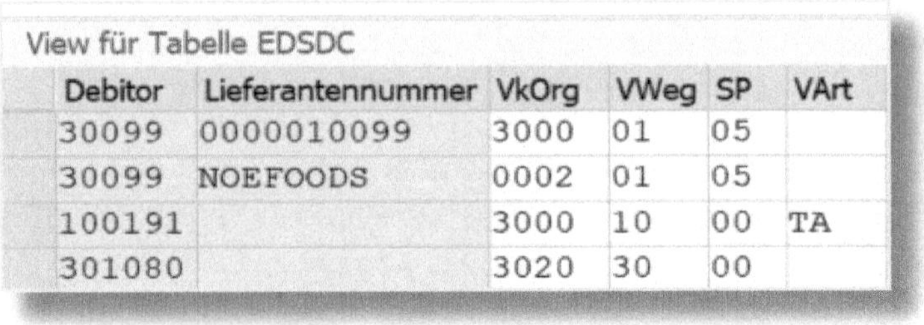

View für Tabelle EDSDC

Debitor	Lieferantennummer	VkOrg	VWeg	SP	VArt
30099	0000010099	3000	01	05	
30099	NOEFOODS	0002	01	05	
100191		3000	10	00	TA
301080		3020	30	00	

Abbildung 5.4: Empfang ORDERS – Referenztabelle VOE2

Wir müssen aber nicht nur die Daten zum Auftraggeber pflegen, sondern auch die Informationen zum Warenempfänger festlegen, die abweichen können. Dazu rufen wir die Transaktion *VOE4* auf und tragen die Informationen zu unserem Kunden ein (siehe Abbildung 5.5).

Debitor	Rolle extern	Bezeichnung	Externer Partner	Int.Nr.
4130	WE	Warenempfänger	3740	3740
30099	AG	Auftraggeber	SMARTMART	30099
30099	LF	Lieferant	0000010099	30099
100191	WE	Warenempfänger	SHIP_TO	100191

Abbildung 5.5: Empfang ORDERS – Partnerrollen VOE4

Anhand der Qualifier im IDoc wird definiert, wie z. B. das Feld KUNDENNUMMER zu interpretieren ist. Die Information kann anhand dieser Tabelle übersetzt werden, und es wird ersichtlich, ob es sich um einen Auftraggeber oder Warenempfänger handelt.

Zu guter Letzt muss der Materialnummer des Kunden die Materialnummer des empfangenden Systems zugeordnet werden. Dies geschieht in der Transaktion *VD51* (siehe Abbildung 5.6).

Kunden-Material-Info anlegen

Kunde	100191
Verkaufsorganisation	3000
Vertriebsweg	10

Abbildung 5.6: Empfang ORDERS – Kunden-Material-Info

Die Materialnummer bezieht sich auf die VERKAUFSORGANISATION und den VERTRIEBSWEG.

Wenn wir diese Informationen eingetragen haben, können wir die Eingaben mit `Enter` bestätigen und mit der Bearbeitung fortfahren, um weitere notwendige Informationen einzutragen (siehe Abbildung 5.7).

Kunde	100191	ACME Corp.
Verkaufsorganisation	3000	USA Philadelphia
Vertriebsweg	10	Endkundenverkauf

Materialnummer	Bezeichnung	Kundenmaterial	RdPr
P-100	Pumpe	123456	

Abbildung 5.7: Empfang ORDERS, Kunden-Material-Info – Detail

Nachdem wir nun alle Grundeinstellungen vorgenommen und die entsprechenden Stammdaten festgelegt haben, müssen wir die IDoc-Verarbeitung testen.

Da wir in unserem Fall keinen Kunden haben, der uns ein Test-IDoc zur Verfügung stellen kann, werden wir mit der Transaktion *WE19* ein eigenes IDoc erstellen.

IDoc erstellen mit WE19

Um sich viel Tipparbeit und möglicherweise auch Recherche zu ersparen, bietet sich die Erstellung eines eigenen IDocs mit Vorlage an.

Wie bei allen IDocs müssen wir die Kopf- und Positionsdaten füllen. Auf der Kopfebene tragen wir folgende Informationen ein:

- Auftragsart
- Wunschlieferdatum
- Auftraggeber
- Warenempfänger

Auf der Positionsebene sind folgende Informationen zu ergänzen:

- Bestellmenge
- Materialnummer
- Materialidentifikation

Materialidentifikation

Weder in der SAP-Dokumentation noch im Internet finden sich Erklärungen dazu, wofür diese Identifikation benötigt wird. Ohne die Materialidentifikation wird das IDoc jedoch nicht verarbeitet.

Durch einen Doppelklick auf die farbigen oder einen einfachen Klick auf die weißen Felder (siehe Abbildung 5.8) öffnet sich ein Fenster, in dem Sie alle benötigten Informationen eintragen können (siehe Abbildung 5.9).

```
EDIDC        0000000000000000              2
  |
  |-------E1EDK01
  |-------E1EDK14
  |-------E1EDK03
  |-------E1EDK04
```

Abbildung 5.8: Empfang ORDERS, WE19 – blanko

Datensatz ändern	
ZTERM	
KUNDEUINR	
EIGENUINR	
BSART	TA

Abbildung 5.9: Empfang ORDERS – WE19 Datensatz ändern

Nachdem wir alle Daten in die Segmente eingetragen haben (siehe Abbildung 5.10), müssen wir den Kontrollsatz füllen.

```
---E1EDK01
---E1EDK03      00220193008
-  E1EDKA1      AG 100191
-  E1EDKA1      WE                  100191
-  E1EDP01              10
 |
 |-----E1EDP19    002123456
```

Abbildung 5.10: Empfang ORDERS, WE19 – Datensatz vollständig

Im Kontrollsatz werden alle Informationen hinterlegt, die für die Verarbeitung notwendig sind (siehe Abbildung 5.11). Durch einen Doppelklick auf das Segment EDIDC öffnet sich die Dialogbox.

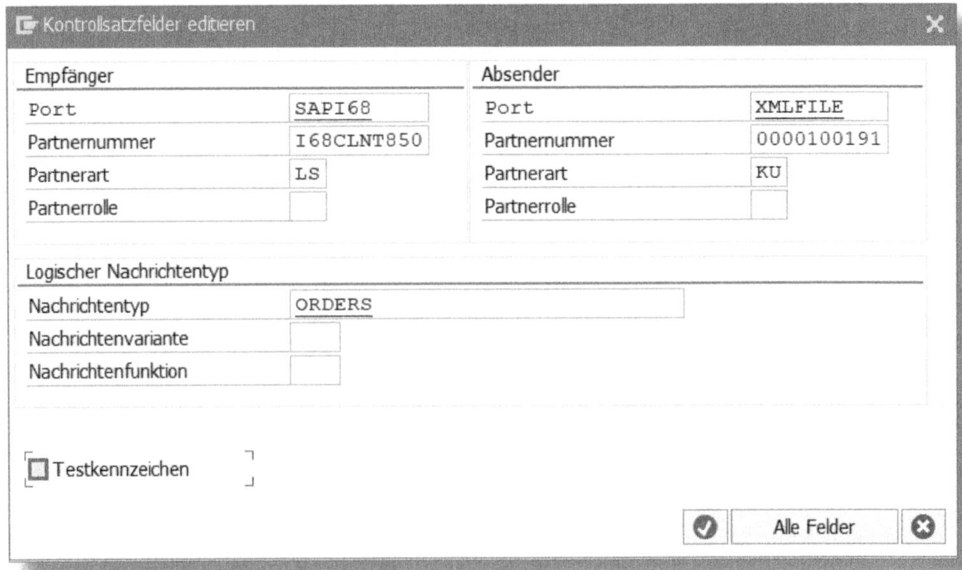

Abbildung 5.11: Empfang ORDERS, WE19 – Kontrollsatz

Wenn alle Daten vollständig sind, wählen Sie in der Menüleiste Standard Eingang. Das folgende Fenster wird geöffnet (siehe Abbildung 5.12); dort finden Sie die Verarbeitungsinformationen für dieses IDoc.

Durch die Auswahl von wird die Verarbeitung angestoßen.

Abschließend wird die Erzeugung des IDocs bestätigt (siehe Abbildung 5.13).

Mit der Transaktion *WE02* können Sie nun prüfen, ob das IDoc verarbeitet wurde (siehe Abbildung 5.14).

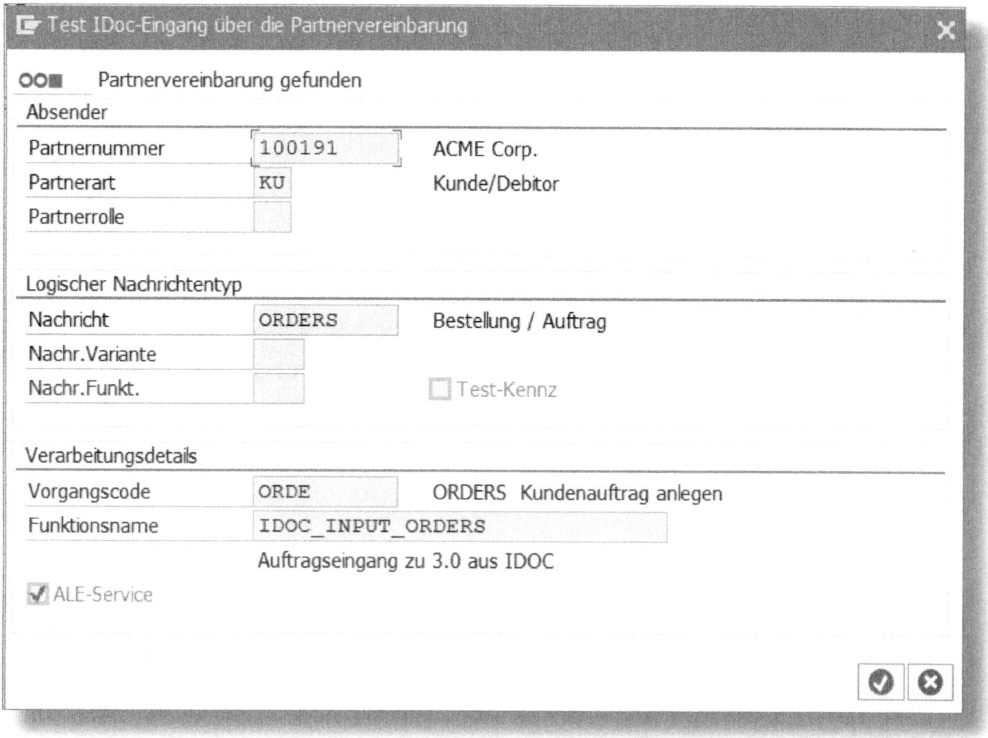

Test IDoc-Eingang über die Partnervereinbarung

Partnervereinbarung gefunden

Absender

Partnernummer	100191	ACME Corp.
Partnerart	KU	Kunde/Debitor
Partnerrolle		

Logischer Nachrichtentyp

Nachricht	ORDERS	Bestellung / Auftrag
Nachr.Variante		
Nachr.Funkt.		Test-Kennz

Verarbeitungsdetails

Vorgangscode	ORDE	ORDERS Kundenauftrag anlegen
Funktionsname	IDOC_INPUT_ORDERS	
	Auftragseingang zu 3.0 aus IDOC	

ALE-Service

Abbildung 5.12: Empfang ORDERS, WE19 – Verarbeitung

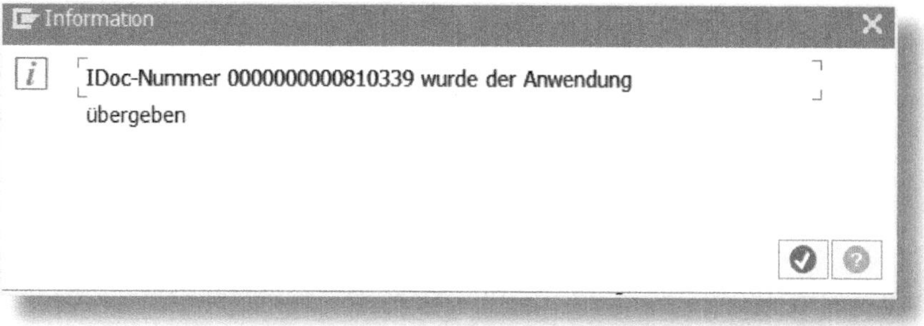

Information

IDoc-Nummer 0000000000810339 wurde der Anwendung übergeben

Abbildung 5.13: Empfang ORDERS, WE19 – Bestätigung

technische Kurzinfo		
Richtung	2	Eingang
aktueller Status	53	
Basistyp	ORDERS05	
Erweiterung		
Nachrichtentyp	ORDERS	
Partnernummer	100191	
Partnerart	KU	
Port	XMLFILE	

Abbildung 5.14: Empfang ORDERS, WE19 – Verarbeitung bestätigt

5.2 Versand von Stammdaten

IDocs sind nicht nur dazu geeignet, Geschäftsvorfälle abzubilden, vielmehr können Sie damit auch Stammdaten elektronisch übermitteln. Wenn wir uns den Materialstamm vor Augen führen, besteht dieser aus mandantenübergreifenden Feldern (so z. B. Grunddatensicht 1 und 2), aber auch aus werksspezifischen Feldern (beispielsweise Vertriebssicht, Einkaufssicht und Disposicht).

Damit Material verkauft werden kann, muss also auf Werksebene eine Vertriebssicht angelegt sein; um Material bei einem Lieferanten bestellen zu können, ist auf Werksebene eine Einkaufssicht erforderlich.

Wenn jetzt in zwei Werken dieselben Materialien verwendet werden, können die werksspezifischen Daten des einen Werks per IDoc MATMAS an das andere Werk gesendet werden.

Auf diese Weise sind diese Sichten bereits angelegt und die Materialien können dort gleichfalls genutzt werden, ohne dass manuelle Eingaben notwendig würden.

Anlage von Sichten im Materialstamm mittels IDoc

Damit die werksspezifischen Sichten auch in anderen Werken angelegt werden können, muss die Feldsteuerung zwischen beiden Werken insoweit harmonisiert werden, als dass jeweils identische Pflichtfelder verwendet werden.

Ist dies nicht der Fall und im empfangenden Werk gibt es Pflichteingaben, die jedoch im sendenden Werk nicht im Materialstamm definiert sind, wird die weitere Sicht im empfangenden Werk nicht angelegt.

Darüber hinaus können mit dem Nachrichtentyp *DEBMAS* Kundendaten an andere Systeme gesendet werden, während Sie Lieferantenstammdaten über das IDoc *CREMAS* verteilen.

Grundsätzlich bietet SAP bei IDocs für Stammdaten alle verfügbaren Felder an. Diese werden jedoch in den seltensten Fällen auch komplett benötigt. Deshalb ist es sinnvoll, diese IDocs an die Anforderungen des eigenen Unternehmens anzupassen, um die Übersichtlichkeit zu erhöhen.

5.2.1 Versenden von Materialstammdaten

Beim Versenden von Transaktionsdaten wie beispielsweise Bestellungen oder Rechnungen ist es relativ einfach, mittels der Nachrichtensteuerung ein IDoc zu erzeugen. Wenn die Bestellung oder Rechnung gespeichert wird, wird zugleich ein Beleg produziert, wobei die Nachrichtensteuerung prüft, welche Art von Beleg erforderlich ist, und das IDoc wird erzeugt. Für den Versand von Stammdaten kann die Nachrichtensteuerung nicht genutzt werden, da hierbei kein Dokument erzeugt wird. In diesem Fall müssen wir die Erzeugung des IDocs durch die Verwendung des Änderungszeigers anstoßen (siehe Abbildung 5.15).

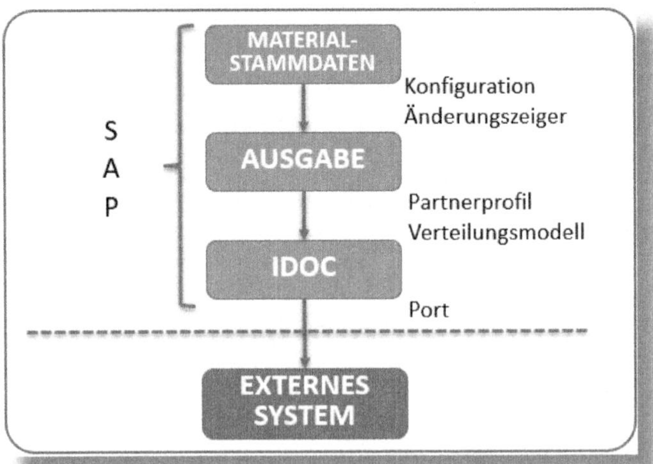

Abbildung 5.15: Versand MATMAS – Aufbau

Der Änderungszeiger ist ein Werkzeug des *Shared Master Data Tool (SMD-Tool)*. Änderungsbelege relevanter Stammdaten werden vom SMD-Tool in einen Änderungszeiger umgewandelt, das Master-IDoc wird erzeugt. Um die Anzahl der IDocs überschaubar zu halten und nicht jede Änderung eines Felds zu übertragen, können Sie vorab im SAP-System Felder definieren, für die ein IDoc erstellt werden soll.

In unserem Beispiel möchten wir eine Nachricht an das externe Lager senden, sobald ein Material als Gefahrgut gekennzeichnet wird. Hierfür möchten wir den Wert aus dem Feld Profil für Gefahrgutkennzeichen als änderungsrelevant nutzen.

Im ersten Schritt müssen wir prüfen, ob die Änderungszeiger aktiviert sind. Dieses kann auf drei Ebenen geschehen:

- Mandant: Mit dem Transaktionscode *BD61* können Sie die Änderungszeiger für den gesamten Mandanten setzen.
- Nachrichtentyp: Die Transaktion *BD50* gibt Ihnen die Möglichkeit, Änderungszeiger für bestimmte Nachrichten zu aktivieren.
- Feld: Für ein Feld in einem Nachrichtentyp können Sie markieren, dass ein Änderungszeiger gesetzt werden soll.

Die ersten beiden Einstellungen betreffen entweder einen Mandanten in Gänze oder aber sämtliche Nachrichten eines Typs. Bevor Sie auf dieser Ebene Einstellungen vornehmen, sollten Sie sich vergewissern, dass Sie keine Prozesse anderer Abteilungen behindern. Empfehlenswert ist sicherlich eine Aktivierung auf Feldebene. In diesem Fall können Sie die Erstellung eines IDocs sehr fein steuern und vermeiden, dass Sie Ihren Partnern nicht verwertbare oder unerwünschte Nachrichten senden.

Unter dem Pfad Werkzeuge • ALE • ALE-Entwicklung • IDoc • Änderungsdienste • Änderungsrelevante Felder pflegen können Sie die Felder auswählen, deren Änderungen für den Empfänger erforderlich sind. Wenn Sie beispielsweise IDocs mit Materialstammdaten erzeugen, die Sie an ein externes Lager versenden wollen, sind Daten, die sich auf Lagertemperatur oder Maße und Gewicht beziehen, sicherlich sinnvoll für die Lagerorganisation.

Ein Einkaufsbestelltext ist in diesem Fall wahrscheinlich nicht von Belang. Wenn ein solcher Text geändert wird, ist keine neue Nachricht an den Partner notwendig.

Unter dem zuvor beschriebenen Pfad oder der Transaktion *BD52* können wir nun prüfen, ob dieses Feld bereits als änderungsrelevant aufgenommen wurde. Nach dem Start der Transaktion müssen wir den Nachrichtentyp auswählen und den Eintrag *MARA-PROFL* in der Tabelle suchen (siehe Abbildung 5.16).

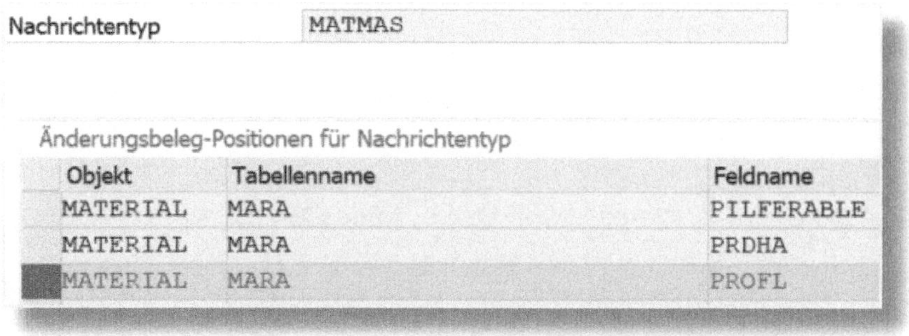

Nachrichtentyp MATMAS

Änderungsbeleg-Positionen für Nachrichtentyp

Objekt	Tabellenname	Feldname
MATERIAL	MARA	PILFERABLE
MATERIAL	MARA	PRDHA
MATERIAL	MARA	PROFL

Abbildung 5.16: Versand MATMAS – änderungsrelevante Felder

In diesem Fall ist das Feld bereits in der Tabelle enthalten. Wenn ein Feld nicht vorhanden ist, weil es sich z. B. um ein kundeneigenes Feld handelt, können Sie dieses über den Button Neue Einträge einfügen.

Nun müssen Sie dem Partnerprofil den Nachrichtentyp MATMAS für den Versand zuweisen.

Da wir nicht alle Geschäftspartner, mit denen wir die Nachricht des Typs MATMAS austauschen, über Änderungen des Gefahrgutprofils informieren müssen, ist es für die betroffenen Geschäftspartner sinnvoll, eine IDoc-Erweiterung vorzunehmen (siehe Abschnitt 3.6). Anschließend kann diese in der Partnervereinbarung denjenigen zugeordnet werden, die diese Information verarbeiten (siehe Abschnitt 3.3). Wenn wir nun mithilfe der Transaktion *MM02* einen Eintrag in dem entsprechenden Feld vorgenommen haben (siehe Abbildung 5.17), können wir mit der Transaktion *BD10* ein IDoc erzeugen (siehe Abbildung 5.18).

Umwelt

GefahrgKennzProfil	G00	☐ Umweltrelevanz
		☐ Lose Schütt./Flss.
		☐ Hochviskos

Abbildung 5.17: Versand MATMAS – Gefahrgutprofil

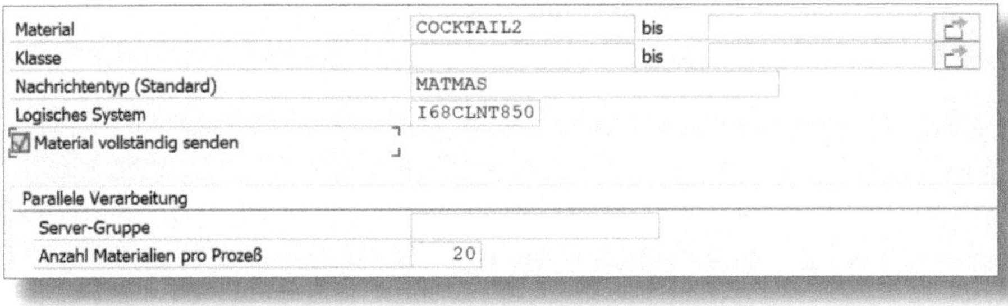

Material	COCKTAIL2	bis	
Klasse		bis	
Nachrichtentyp (Standard)	MATMAS		
Logisches System	I68CLNT850		
☑ Material vollständig senden			

Parallele Verarbeitung

Server-Gruppe	
Anzahl Materialien pro Prozeß	20

Abbildung 5.18: Versand MATMAS – Transaktion BD10

In der oben beschriebenen Selektion habe ich ausschließlich die Materialnummer, den Nachrichtentyp und das logische System eingetragen. Außerdem habe ich die Checkbox aktiviert, damit alle Segmente und Felder dieses Materials gesendet werden. Letzteres ist vor allem dann sinnvoll, wenn Sie IDocs erzeugen, um einen neuen Dienstleister mit Informationen zu versorgen.

Versenden von MATMAS mit BD10

Bei der Verwendung von BD10 werden alle IDocs erzeugt und versendet, die unter die zuvor beschriebenen Änderungsparameter fallen. Falls Sie Ihre Auswahl nicht präzise einschränken, kann dies dazu führen, dass eine sehr große Anzahl von Nachrichten produziert wird.

Das Programm erstellt zunächst ein Master-IDoc (siehe Abbildung 5.19) und im Anschluss das oder die Kommunikations-IDocs (siehe Abbildung 5.20).

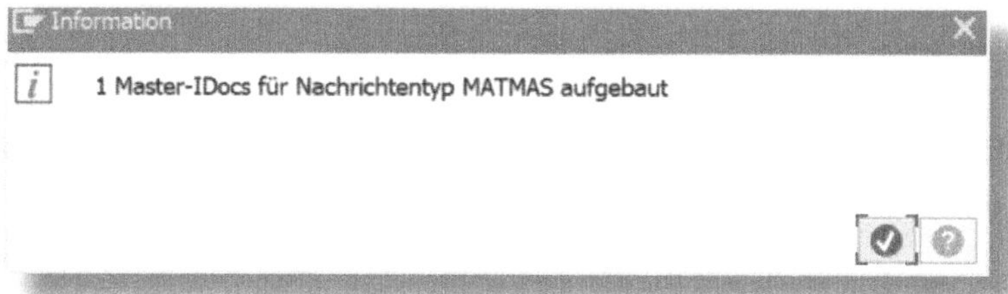

Abbildung 5.19: Versand MATMAS, BD10 – Master-IDoc

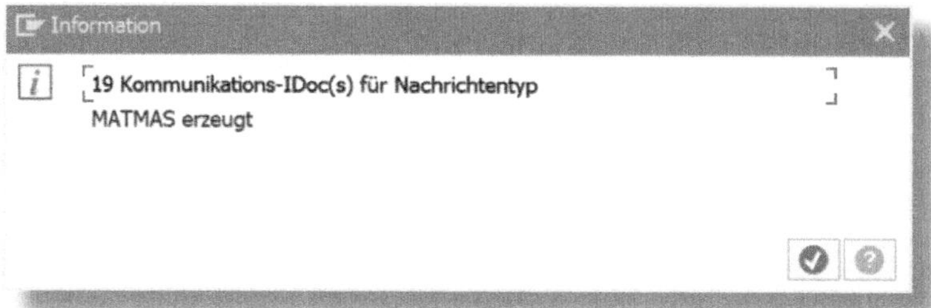

Abbildung 5.20: Versand MATMAS, BD10 – Kommunikations-IDoc

Beide Hinweise können Sie mit ✔ bestätigen. Anschließend ist es möglich, sich die IDocs z. B. mit der Transaktion *WE02* anzeigen zu lassen.

Hinweis zu den Kommunikations-IDocs

Da dieses Beispiel in einem Testsystem aufgebaut wurde, ist die Versendung des Nachrichtentyps MATMAS nicht nur auf einen oder die relevanten Partner beschränkt, sondern wird in diesem Fall für alle Partner erzeugt, die in der Partnervereinbarung MATMAS als eingehende Nachricht definiert haben.

Wir finden dann im Segment E1MARAM das Feld *PROFL* mit dem Eintrag *G00* (siehe Abbildung 5.21).

Inhalt des ausgewählten Segments

Feldname	Feldinhalt
MSTDV	00000000
PROFL	G00
COMPL	00
MTPOS_MARA	NORM
GEWTO_NEW	0.0
VOLTO_NEW	0.0
ANP	000000000

Abbildung 5.21: Versand MATMAS, IDoc – Feld PROFL

Analog zum *Senden* von Materialstammdaten können Sie auch die Transaktion BD11 *Holen* nutzen, sofern Sie der Empfänger der Nachricht sind.

Die folgende Übersicht (siehe Abbildung 5.22) zeigt Ihnen den Einstieg in weitere Transaktionen für den Versand und den Empfang von Stammdaten.

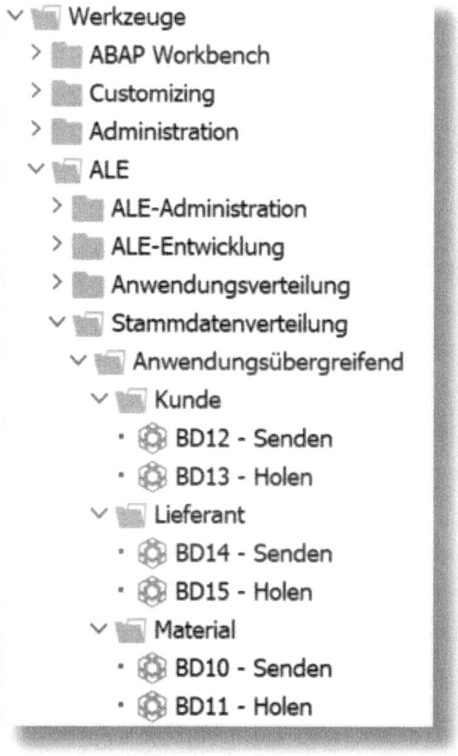

- Werkzeuge
  - ABAP Workbench
  - Customizing
  - Administration
  - ALE
    - ALE-Administration
    - ALE-Entwicklung
    - Anwendungsverteilung
    - Stammdatenverteilung
      - Anwendungsübergreifend
        - Kunde
          - BD12 - Senden
          - BD13 - Holen
        - Lieferant
          - BD14 - Senden
          - BD15 - Holen
        - Material
          - BD10 - Senden
          - BD11 - Holen

Abbildung 5.22: Versand von Stammdaten – Übersicht Transaktionen

6 Monitoring und Fehlerbearbeitung

Der elektronische Datenverkehr bildet die Geschäftsprozesse in Ihrem Unternehmen ab. Deshalb ist es notwendig, dass nicht verarbeitete Nachrichten ggf. geändert und erneut in die Prozesskette geschleust werden, denn auch wenn sich Maschinen miteinander »unterhalten«, kann es zu Fehlern kommen. Nachfolgend möchte ich Ihnen einige Wege aufzeigen, wie Sie solche Fehler erkennen und in einem zweiten Schritt auch beheben können.

6.1 Wurde eine Nachricht erzeugt?

Ich habe im täglichen Umgang mit SAP-Nutzern gelernt, dass es sich bei der Fehlersuche oft lohnt, zunächst einfache Fehlerursachen auszuschließen, bevor kompliziertere Zusammenhänge als mögliche Ursache angenommen werden.

Wenn ein Kollege sich beklagt, dass eine Bestellung nicht gedruckt wurde, so ist die Frage »Ist Papier im Drucker?« durchaus legitim. Das mag manchmal unverschämt klingen, ist in vielen Fällen aber zielführend.

Und wenn es dem Kollegen peinlich genug ist, wird er zukünftig zumindest diesen Fehler nicht mehr bei Ihnen melden.

Wenn sich also ein Kollege darüber beschwert, dass ein Lieferant eine Bestellung nicht per EDI erhalten hat, können Sie mit einem Blick in die Bestellung feststellen, ob überhaupt eine Nachricht erzeugt wurde.

Hierfür rufen Sie über die Transaktion *ME23N* die Bestellung auf und wählen Nachrichten. Sie gelangen dann in die folgende Übersicht (siehe Abbildung 6.1).

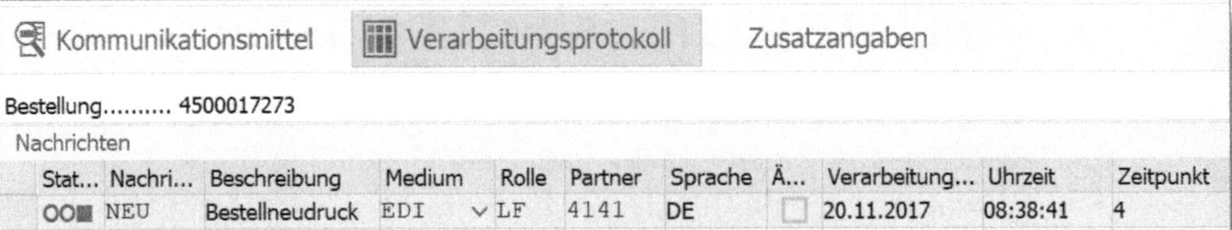

Abbildung 6.1: Fehlerbehebung – Nachrichtenstatus

Wenn Sie wie hier im Beispiel die grüne Ampel sehen, bedeutet dies, dass die Nachricht erzeugt und ausgegeben wurde. Die Nachrichtensteuerung wurde korrekt definiert. Wenn Sie eine gelbe Ampel sehen, dann wurde die Nachricht zwar erzeugt, aber noch nicht ausgegeben (so z. B. wenn die Nachricht durch einen periodisch eingeplanten Job versendet wird). Wenn die Ampel rot leuchtet, dann wurde zwar eine Nachricht erstellt, der Versand konnte aber nicht angestoßen werden. In diesem Fall sehen Sie in der Partnervereinbarung nach, ob die richtigen Ports eingetragen wurden. Finden Sie keine Nachricht vor, dann wurde auch keine erzeugt. Dies kann beispielsweise vorkommen, wenn Sie eine neue Bestellart eingerichtet, dieser jedoch keine Nachrichtenart(en) zugeordnet haben. Oder Sie haben einer neuen Nachrichtenart kein Nachrichtenschema zugewiesen.

Wenn Sie den Button Verarbeitungsprotokoll wählen, werden Ihnen weitere Informationen sowie die IDoc-Nummer angezeigt, mit der Sie dann nachforschen können, warum ein Geschäftspartner eine Nachricht nicht erhalten hat.

Nachrichten zu Belegen

Wir haben nur das Beispiel einer Bestellung betrachtet. Sie finden den Button oder den Menüpunkt NACHRICHTEN in jeder Transaktion, die eine Nachricht erzeugt.

Mit einer Nachricht in SAP verhält es sich wie mit einer Buchung: Wenn die Nachricht einmal existiert, kann sie nicht mehr geändert werden.

Hat das System eine Nachricht mit dem Status »rot« erzeugt, dann sind Änderungen an der Nachricht allein nicht ausreichend, um diese erneut zu versenden. Stattdessen müssen Sie diese Nachricht wiederholen, was im Prinzip gleichbedeutend mit einer Kopie der vorhandenen Nachricht ist, die Sie dann mit geänderten Parametern erneut versenden.

Zu diesem Zweck markieren Sie im Änderungsmodus die fehlerhafte Nachricht und klicken auf Nachricht wiederholen. Sie erhalten anschließend eine Nachricht mit dem Status »gelb«, d.h., dass diese Nachricht noch nicht versendet wurde (siehe Abbildung 6.2).

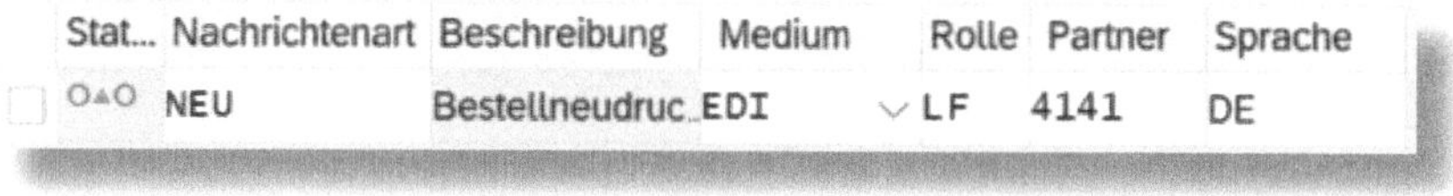

Stat...	Nachrichtenart	Beschreibung	Medium	Rolle	Partner	Sprache
O▲O	NEU	Bestellneudruc...	EDI	LF	4141	DE

Abbildung 6.2: Nachrichtensteuerung – Nachricht wiederholen

Wie Sie sehen, ist die Auswahl des MEDIUMS nicht ausgegraut. Sie könnten in diesem Fall aus einer EDI-Nachricht ein Fax, eine E-Mail oder einen Druck erzeugen. Ebenfalls könnten Sie den PARTNER und die SPRACHE ändern. Für die beiden letzten Fälle kann ich mir allerdings nur wenige Anwendungsbeispiele vorstellen. Die Änderung des Mediums kommt hingegen häufiger vor, wenn Sie beispielsweise eine Nachricht, die zuvor per EDI versendet wurde, nun als Druck für die eigene Ablage nutzen oder einem weiteren Partner diese z.B. per E-Mail zukommen lassen möchten. Auch hierbei dürfte es sich eher um Einzelfälle handeln, da ein regelmäßiger zweiter Aufbau einer Nachricht über die Nachrichtensteuerung so eingerichtet werden sollte, dass keine weiteren manuellen Eingriffe notwendig sind.

6.2 Nachrichtenfindung

Um Fehler identifizieren zu können, die nicht ursächlich im elektronischen Datenverkehr ihren Ursprung haben, sondern in den grundsätzlichen Einstellungen im SAP-System, möchte ich Ihnen im Folgenden die Nachrichtenfindung in einem SAP-System erläutern.

Ein IDoc, eine E-Mail, ein Fax oder ein Ausdruck werden im SAP-System gemäß der Nachrichtenart erzeugt, die einem Objekt zugeordnet ist (im folgenden Beispiel eine Bestellung). Die Nachrichtenfindung hat dabei die Aufgabe, alle Nachrichtenarten zu identifizieren, die einem Objekt zugeordnet sind. Ein Objekt kann in diesem Zusammenhang z. B. eine Bestellung, eine Faktura oder ein Lieferschein sein. Wenn die Nachrichtenfindung eine Nachrichtenart ermittelt hat und über die Nachrichtensteuerung ein Ausgabemedium, wird die Nachricht erzeugt. Abbildung 6.3 skizziert, wie die Nachrichtenfindung bei einer Bestellung abläuft.

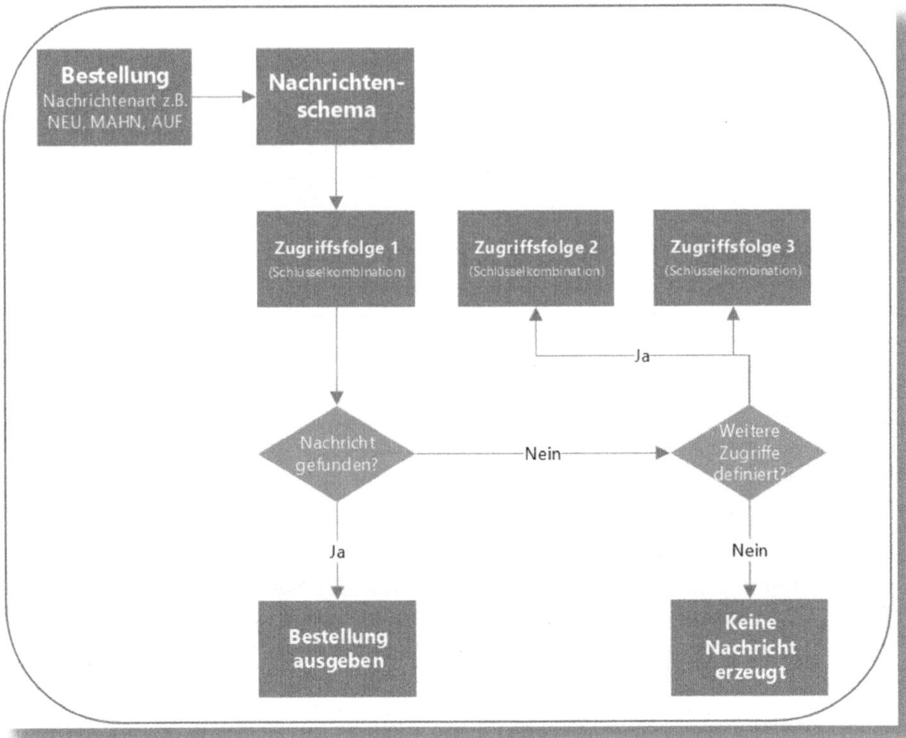

Abbildung 6.3: Fehlerbehebung – Nachrichtenfindung

Wenn im System eine Bestellung erzeugt wird, d. h., die Erstellung der Bestellung nach dem Speichern abgeschlossen ist, startet die Nachrichtenfindung. Gehen wir davon aus, dass es sich um eine neue Bestellung handelt, ist die Nachrichtenart *NEU* zu verwenden. Im ersten Schritt sucht das System nach einem Nachrichtenschema. Nachrichtenschemata sind im Customizing definiert und einer Nachrichtenart zugeordnet. Wenn ein Nachrichtenschema gefunden wurde, werden die Zugriffsfolgen, also die Schlüsselkombination, überprüft (siehe auch Abbildung 3.3). Die Logik geht hier von einer spezifischen Definition *Nachrichtenart – Einkaufsorganisation – Lieferant – Lieferant für EDI* zu einer globalen Definition *Nachrichtenart* (siehe Abbildung 6.4). Dies bedeutet, je mehr Schlüssel bestimmt und somit Selektionskriterien vorgegeben werden, desto höher ist die Nachrichtenkondition in der Hierarchie anzusiedeln. Wird nur ein Selektionskriterium angegeben, findet man dieses auf der untersten Hierarchiestufe.

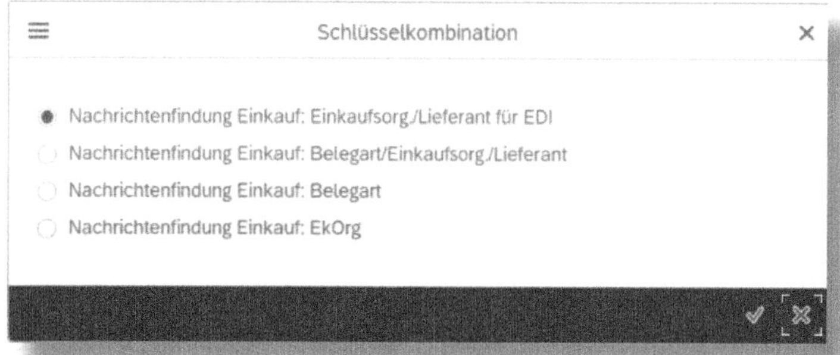

Abbildung 6.4: Fehlerbehebung – Schlüsselkombination

Je mehr Schlüssel Sie in das Selektionsmenü eintragen müssen, umso spezifischer werden die Anforderungen. Wenn Sie also mit einem Lieferanten vereinbart haben, dass alle Bestellungen per EDI übertragen werden, dann werden Sie eine Nachrichtenkondition auf der obersten Ebene anlegen (Schlüsselkombination Einkaufsorg/Lieferant für EDI). Damit alle Bestellungen ausgegeben werden, meist wählt man das Medium Druck, legen Sie im SAP-System eine Nachrichtenkondition auf der untersten Ebene an. Die Schlüsselkombination ist dann die Belegart oder die Einkaufsorganisation. Wenn das System auf der obersten Ebene keine Nachrichtenkondition gefunden hat, sucht es auf der nächsten darunterliegenden Ebene. Dieses Vorgehen setzt sich solange fort, bis das System eine Nachrichtenkondition findet und eine Nachricht erzeugen kann. Findet es keine, kommt es auch zu keiner Nachricht.

Wenn ein Fehlerfall vorliegt und ein Geschäftspartner keine Nachricht erhalten hat, müssen Sie überprüfen, ob die Nachrichtenkonditionen korrekt eingestellt bzw. überhaupt gepflegt sind.

Prüfung der Nachrichtensteuerung

Im laufenden Geschäft werden Sie in den meisten Fällen natürlich wissen, ob für einen Geschäftspartner eine Nachrichtensteuerung eingerichtet worden ist oder nicht. Aber gerade in Situationen, in denen Sie eine neue Nachrichtenart definiert haben und viele Umstellungen vornehmen müssen, kann es durchaus vorkommen, dass die Nachrichtenkondition nicht angelegt wurde.

6.3 IDoc-Monitoring

Um die IDoc-Prozesse in Ihrem System zu überwachen, bieten sich die Transaktionen an, die in Kapitel 4 beschrieben wurden, wie z. B. die Transaktion *BD87*. Im Tagesgeschäft ist es allerdings nicht praktikabel, eine Transaktion immer wieder aufzurufen, um mögliche Fehler zu identifizieren. Hierfür empfiehlt es sich, eine Query zu definieren und einen regelmäßigen Job einzuplanen. Neben der Sicherstellung der zeitnahen IDoc-Verarbeitung bzw. -Versendung kann das Monitoring folgende Auswertungen unterstützen:

- Anzahl der Nachrichten im Eingang und Ausgang
- Anzahl der Nachrichten je Prozess (z. B. Beschaffung, Vertrieb, Transportwesen, Bankgeschäfte)
- Anzahl der Nachrichten mit internen und externen Partnern
- Anzahl der fehlerhaften Nachrichten

Durch die Verwendung verschiedener Varianten können diese Abfragen z. B. abteilungsspezifisch aufgebaut werden, um eine schnelle Fehlerbearbeitung durch die verantwortlichen Personen zu gewährleisten bzw. die richtigen strategischen Entscheidungen zur Optimierung der elektronischen Prozesse zu befördern.

Neben dem Nachrichtentyp könnte man auch anhand von unterschiedlichen Nachrichtenstatus selektieren. Über einen Hintergrundjob kann dann die Abfrage regelmäßig gestartet werden, Informationen über die fehlerhaften IDocs werden dem verantwortlichen Bearbeiter per E-Mail zugesendet.

Nutzung des SAP Workplace

Auch wenn alle Welt über die medienbruchfreie Arbeitsumgebung spricht, so hat sich SAP Workplace, an den die Ergebnisse der Monitoringberichte ebenfalls gesendet werden könnten, bislang nicht durchgesetzt. Stattdessen erwarten die Kollegen nach wie vor eine entsprechende Nachricht in ihrem E-Mail-Postfach.

6.4 IDoc als Datei exportieren

Wenn Sie einem Kollegen, der im Lesen von IDocs unerfahren ist, die Inhalte eines IDocs zur Verfügung stellen wollen, können Sie hierzu die Transaktion *WE02* verwenden. Nachdem Sie die Transaktion aufgerufen, die entsprechenden Selektionskriterien eingetragen und die Funktion ausgeführt haben, erscheint entweder eine IDoc-Liste, aus der Sie das relevante IDoc per Doppelklick selektieren können, oder das gewünschte IDoc wird Ihnen direkt angezeigt, sofern Sie dieses bereits zuvor ausgewählt haben. Um in die Übersicht des IDocs zu gelangen (siehe Abbildung 6.6), wählen Sie im Menü IDoc • Drucken IDoc (siehe Abbildung 6.5).

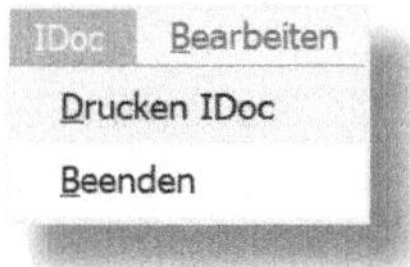

Abbildung 6.5: Übersicht des IDocs aufrufen

Selbstverständlich erfolgt auch hier eine Unterscheidung zwischen Kontrollsatz, Datensatz und Statussatz. Zum besseren Verständnis sehen wir uns einen Datensatz an, dort finden wir auch unsere Lieferantenmaterialnummer wieder.

SEGNUM	Segmentnummer	000022
SEGNAM	Segmentname	E1EDP19
QUALF	IDOC Objektidentifikation (z.B	002 : Materialnummer des Lieferanten
IDTNR	IDOC Materialidentifikation	AB123
SEGNUM	Segmentnummer	000023
SEGNAM	Segmentname	E1EDP19
QUALF	IDOC Objektidentifikation (z.B	001 : Materialnummer des Kunden
IDTNR	IDOC Materialidentifikation	000000000000001619
KTEXT	IDOC Kurztext	Schraube M5x35, Senkkopf

Abbildung 6.6: IDoc als Datei – Datensatz

Diese Datei können Sie wie gewohnt in ein anderes Format exportieren, sodass Sie nun ein IDoc haben, das auch die Kollegen aus den Prozessen lesen und verstehen können.

IDoc nach MS Office exportieren

Auch wenn technikaffine Kollegen eher dazu tendieren, sich die IDocs in ihrer technischen Struktur anzusehen, ist der Export nach Word oder Excel sicherlich komfortabler, wenn Informationen gesucht werden.

6.5 Fehlerbehebung

Grundsätzlich wird zwischen zwei möglichen Fehlerarten unterschieden. Die eine Fehlerart ist die Folge technischer Gegebenheiten, die andere kommt aufgrund fachlicher Diskrepanzen zustande. Im Folgenden finden Sie einige Beispiele möglicher Fehlerarten:

- Die Nachricht wird nicht aufgebaut.
- Die Nachricht wird nicht gesendet.
- Die Nachricht wird nicht empfangen.
- Die Nachricht wird nicht weiterverarbeitet.

Ein Fehlerbild kann sowohl technische als auch fachliche Fehler als Ursache haben.

Wenn z. B. Einstellungen im eigenen System, im empfangenden System oder an der Schnittstelle fehlerhaft sind, handelt es sich um einen technischen Fehler. Ebendiesen erkennen Sie daran, dass er nicht von einem Sachbearbeiter behoben wird, sondern typischerweise in der IT-Abteilung.

Anders verhält es sich bei einem fachlichen Fehler. Beispielsweise können Kunden eine Nachricht des Typs ORDERS mit einer Materialnummer senden, die dem empfangenden System (noch) nicht bekannt ist. In diesem Fall liegt ein fachlicher Fehler vor; die Fehlerbehebung obliegt der jeweiligen Fachabteilung.

Ebenso können IDocs nicht verarbeitet werden, die inhaltliche Fehler aufweisen. Falls in den Systemen beispielsweise ein »*« als logisches Trennzeichen von Segmenten verwendet wird, so wird dieses als Textbestandteil zu einer fehlerhaften Verarbeitung führen, da das empfangende System einen Fehler in der Struktur identifiziert.

6.5.1 IDocs nach Inhalten durchsuchen und ändern

Wenn Sie bemerken, dass ein Kollege in allen Lieferantenmaterialbezeichnungen im Einkaufsinfosatz ein »*« verwendet hat und deshalb alle Nachrichten, die dieses Feld enthalten, beim Empfänger nicht verarbeitet werden konnten, können Sie mithilfe der Bestellungen und der erzeugten IDocs nach den entsprechenden IDocs suchen.

Alternativ können Sie auch die Transaktion *WE09* anwenden, in der Sie IDocs nach Feldinhalten selektieren können.

Beim Aufruf von *WE09* erhalten Sie im oberen Bereich die gleichen Selektionskriterien wie auch in WE05. Beachtenswert ist der untere Bereich, in dem Sie die Suche anhand von Feldinhalten verfeinern können (siehe Abbildung 6.7).

Kriterien für die Suche in den Datensätzen

Suchen in Segment ...	
Suchen in Feld ...	IDNLF
nach Wert ...	AB*
und Suchen in Feld ...	
nach Wert ...	

Abbildung 6.7: Fehlerbehebung, WE09 – Selektion

In unserem Beispiel fahnden wir nach IDocs, die im Feld IDNLF (Lieferantenmaterialnummer) im Einkaufsinfosatz mit dem Wert *AB* beginnen. Alternativ können Sie in dieser Transaktion auch nach einem Segment suchen.

Als Ergebnis der Suche in der Transaktion erhalten wir eine Liste wie in Abbildung 6.8.

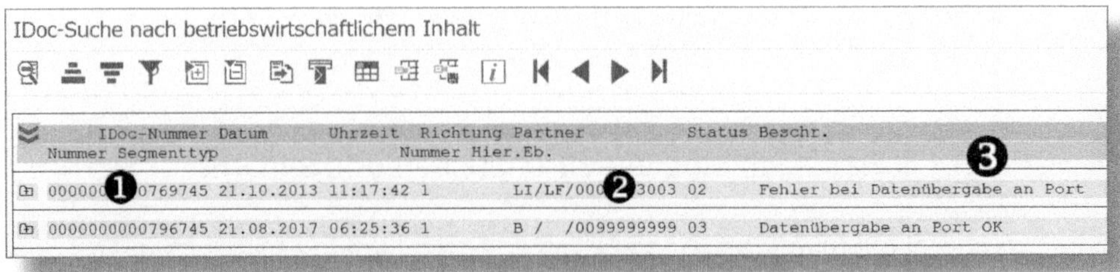

Abbildung 6.8: Fehlerbehebung, WE09 – Ergebnis

Unter ❶ sehen Sie die IDOC-NUMMER, das DATUM, die UHRZEIT und auch die RICHTUNG, also ob es sich um ein Ausgangs- oder Eingangs-IDoc handelt.

❷ zeigt an, zu welcher Partnerrolle dieses IDoc erstellt wurde.

Der STATUS der Verarbeitung unter ❸ ist für uns von besonderem Interesse. In diesem Fall wurde das IDoc nicht an den Port übergeben. Um sich die Segmente dieses IDocs anzeigen zu lassen (siehe Abbildung 6.9), wählen Sie .

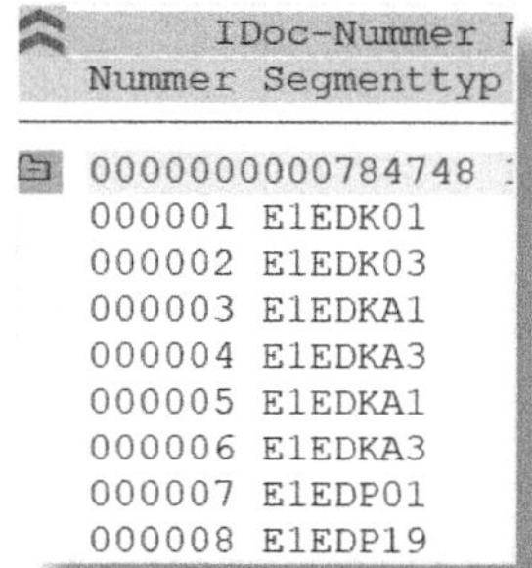

Abbildung 6.9: Fehlerbehebung, WE09 – Anzeige der IDoc-Segmente

Leider wird in dieser Ansicht nicht dargestellt, welches das fehlerhafte Segment ist, aber mit einiger Erfahrung wissen wir, in welchem Segment wir nach der Lieferantenmaterialnummer suchen müssen. Im Beispielfall ist es das Segment E1EDP01. Durch einen Doppelklick auf die Nummer rechts neben dem Segment gelangen wir zum nächsten Bild (siehe Abbildung 6.10).

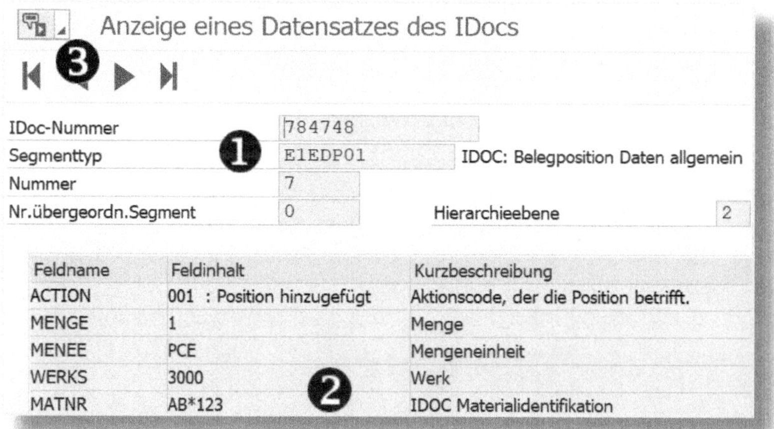

Abbildung 6.10: Fehlerbehebung, WE09 – IDoc-Segment-Ansicht

Unter ❶ sehen Sie die allgemeinen Informationen zu diesem Segment. Unter ❷ wird der Feldinhalt angezeigt, der bei unserem Lieferanten zu einem Problem in der Verarbeitung geführt hat. Unter ❸ haben Sie die Möglichkeit, eine Verknüpfung zu diesem Objekt zu erstellen.

Hier möchte ich besonders die Auswahl einer Notiz hervorheben. Da die Änderung des IDocs direkt auf die Datenbank geschrieben wird, ist hier vor allem bei rechtlich kritischen Änderungen, wie z. B. in Rechnungen, die Notizfunktion hilfreich, gerade wenn die interne Revision oder aber ein Wirtschaftsprüfer auf diese Änderung stoßen.

In diesem Fall kann es nützlich sein, dass Sie in der Notiz hinterlegen, was der Grund für die Änderung war und welcher Geschäftspartner diese angestoßen hat. Hierfür können Sie an dieser Stelle auch die E-Mail-Adresse des betreffenden Geschäftspartners angeben.

Um in den Änderungsmodus zu wechseln, wählen Sie im Menü DATENSATZ • ANZEIGEN ⇨ ÄNDERN (siehe Abbildung 6.11).

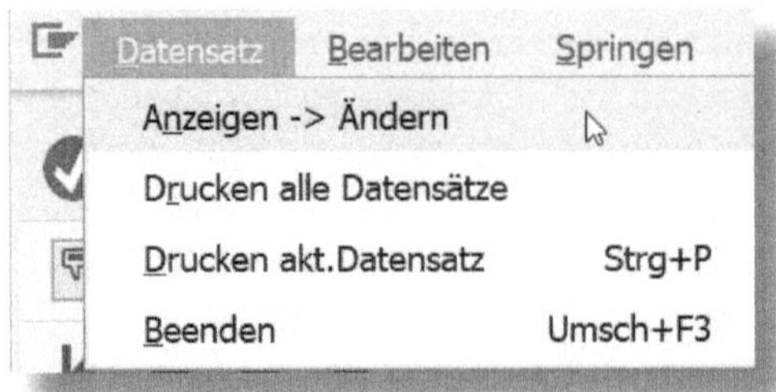

Abbildung 6.11: Fehlerbehebung, WE09 – Datensatz Menü

Im Änderungsmodus können Sie den Wert mit einem Doppelklick modifizieren. Wenn Sie die Änderung speichern, wird folgender Warnhinweis angezeigt (siehe Abbildung 6.12):

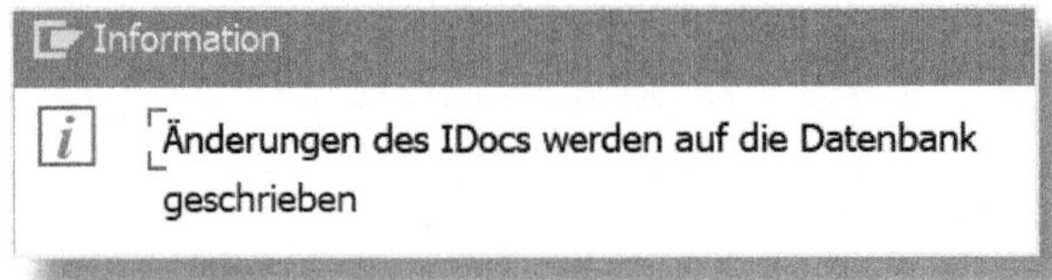

Abbildung 6.12: Fehlerbehebung, WE09 – Warnhinweis

6.5.2 IDoc-Verarbeitung anstoßen

Damit unser Lieferant das geänderte IDoc auch erhält, öffnen wir nun die Transaktion *BD87* und selektieren nach diesem IDoc.

IDoc-Nummer im Zwischenspeicher

Wenn Sie die IDoc-Nummer in den Zwischenspeicher aufnehmen und möglicherweise immer mal wieder in die Transaktion zurückspringen müssen, um die Nummer noch einmal zu suchen, so hat dies sicherlich einen guten Lerneffekt zur Folge.

Wenn Sie jedoch mehrere IDoc-Nummern zwischenspeichern müssen, können Sie hierfür auch das Kommandofeld nutzen. Sie geben die Nummern nacheinander ein und können diese in der nächsten Transaktion über den Pfeil erneut aufrufen.

784748

Wenn Sie alle Ebenen des IDocs aufklappen, können Sie sehen, welche Änderungen am IDoc vorgenommen wurden (siehe Abbildung 6.13).

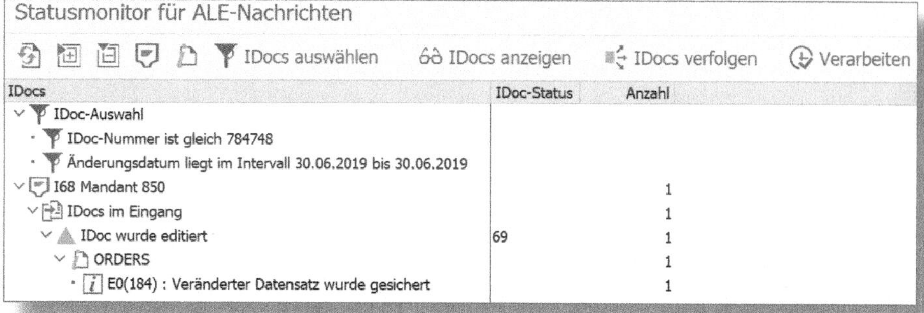

Abbildung 6.13: Fehlerbehebung, BD87 – IDoc-Anzeige

Mit Klick auf Verarbeiten wird die Verarbeitung des IDocs angestoßen.

Wenn wir alles richtig gemacht haben, wechselt der Status des IDocs von 69 (geändert) zu 53 (gebucht) (siehe Abbildung 6.14).

IDocs im Eingang	
Anwendungsbeleg gebucht	53

Abbildung 6.14: Fehlerbehebung, BD87 – IDoc-Status

Änderung von IDocs mit WE09

Mit der Transaktion *WE09* können Sie ausschließlich fehlerhafte IDocs modifizieren. Wenn Sie ein IDoc ändern möchten, das fehlerfrei verarbeitet wurde, können Sie die Transaktion *WE19* einsetzen. Entfernen Sie das Kennzeichen Test und starten Sie die Verarbeitung.

Änderung von IDocs mit WE19

Wenn Sie ein IDoc mit *WE19* ändern und produktiv verarbeiten lassen möchten, sollten Sie dies ausreichend dokumentieren. Alternativ können Sie den Vorgang (z.B. Bestellung, Auftrag, Zahlungsavis) im System ändern und ein neues IDoc erzeugen. Dies wäre unter rechtlichen Gesichtspunkten der sicherere Prozess.

Um einen Überblick zu erhalten, wie häufig Fehler in der IDoc-Verarbeitung behoben werden mussten, können Sie in der Transaktion *SE16* die Tabelle EDIDS aufrufen und durch die Auswahl des entsprechenden Zeitraums die Anzahl der IDocs mit den jeweiligen Status ermitteln. Dies ist vor allem dann nützlich, wenn Sie eine Prozessverbesserung im elektronischen Datenverkehr durchführen möchten. Anhand der Anzahl der bearbeiteten Fehler können Sie leicht entscheiden, wo das größte Potenzial für z. B. eine Aufwandsreduzierung liegt.

6.5.3 Änderung des IDoc-Status

Wenn wir auf einen technischen Fehler stoßen, dann hat das IDoc z. B. den Status 02 (Fehler bei Datenübergabe an Port):

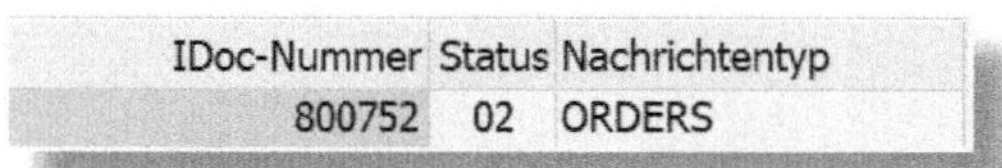

IDoc-Nummer	Status	Nachrichtentyp
800752	02	ORDERS

Wir können den Fehler korrigieren, das IDoc wird dabei aber keinen neuen Status erhalten, da wir am IDoc selbst keine Änderungen vornehmen. Um das IDoc ein weiteres Mal verarbeiten lassen zu können, müssen wir den Status des IDocs in 01 (IDoc erzeugt) ändern. Hierzu rufen wir die Transaktion *SE38* auf und starten das Programm RC1_IDOC_SET_STATUS (siehe Abbildung 6.15).

IDOC-Nummer	800752
Nachrichtentyp	
Status	02
neuer Status	01
☑ Test	

Abbildung 6.15: Fehlerbehebung, IDoc-Status umsetzen

Im Standard ist das Kennzeichen TEST gesetzt. Für erste Tests oder wenn Sie eine große Anzahl von IDocs umsetzen wollen, ist es sicherlich sinnvoll, dieses Kennzeichen nicht zu entfernen. Wenn Sie den Testlauf ausführen, erhalten Sie folgendes Ergebnis (siehe Abbildung 6.16).

```
EHS: Report zum IDOC-Status Umsetzen

         1   IDOCs werden umgesetzt.
```

Abbildung 6.16: Fehlerbehebung, IDoc-Status umsetzen –Ergebnis

Sie können den Lauf nun wiederholen. Deaktivieren Sie das Testkennzeichen, erhalten Sie die Bestätigung, dass der IDoc-Status umgesetzt wurde.

Die Änderung des IDoc-Status ist nicht nur zweckmäßig, wenn Sie dies im Prozess benötigen, sie ist auch hilfreich, wenn Sie bestimmte IDocs »parken« wollen, die nicht verarbeitet oder versendet werden sollen. Wählen Sie dazu für Ausgangs- und Eingangs-IDocs entweder den Status 31 (Fehler, keine weitere Bearbeitung) oder 39 (IDoc archiviert).

Sie können dann die IDocs, die nicht mehr zu »retten« sind, auf diesen Status umsetzen, sodass sich Ihre Abarbeitungsliste entsprechend verkürzt.

Abschließend finden Sie zwei Listen mit Status für die Ausgangs- (siehe Tabelle 6.1) und Eingangsverarbeitung (siehe Tabelle 6.2). Welche Status in Ihrem Unternehmen genutzt werden, ist abhängig von der Art Ihrer Prozesse.

Ausgehende IDocs (aus SAP-Sicht)

Status	Beschreibung
0	Nicht verwendet, nur R/2
1	IDoc erzeugt
2	Fehler bei Datenübergabe an Port
3	Datenübergabe an Port OK
4	Fehler in den Steuerinformationen des EDI-Subsystems
5	Fehler bei der Konvertierung
6	Konvertierung OK
7	Syntaxfehler in EDI-Nachricht
8	Syntaxprüfung OK
9	Fehler beim Interchange Handling
10	Interchange Handling OK
11	Fehler beim Versand
12	Versand OK

Status	Beschreibung
13	Versand wiederholen OK (Retransmission)
14	Interchange Acknowledgement positiv
15	Interchange Acknowledgement negativ
16	Functional Acknowledgement positiv
17	Functional Acknowledgement negativ
18	Anstoß des EDI-Subsystems OK
19	Datenübergabe an Port für Test OK
20	Fehler beim Anstoß des EDI-Subsystems
21	Fehler bei Datenübergabe an Port für Test
22	Versand OK, Acknowledgement steht aus
23	Fehler beim Versand wiederholen (Retransmission)
24	Steuerinformationen des EDI-Subsystems OK
25	Weiterverarbeitung trotz Syntaxfehler (Ausgang)
26	Syntaxfehler im IDoc (Ausgang)
27	Fehler in der Versandschicht (ALE-Dienst)
28	IDoc nachträglich in ALE-Verteileinheit verschickt
29	Fehler im ALE-Dienst
30	IDoc ist versandfertig (ALE-Dienst)
31	Fehler, keine weitere Bearbeitung
32	IDoc wurde editiert
33	Original eines IDocs, welches editiert wurde
34	Fehler im Kontrollsatz des IDocs
35	IDoc aus Archiv zurückgeladen
36	Elektronische Unterschrift nicht geleistet (Timeout)
37	IDoc fehlerhaft hinzugefügt
38	IDoc archiviert
39	IDoc im Zielsystem (ALE-Dienst)
40	Anwendungsbeleg im Zielsystem nicht erzeugt
41	Anwendungsbeleg im Zielsystem erzeugt
42	IDoc aus Testtransaktion erzeugt

Tabelle 6.1: Fehlerbehebung – IDoc-Status, ausgehende Nachrichten

Eingehende IDocs (aus SAP-Sicht)

Status	Beschreibung
50	IDoc hinzugefügt
51	Anwendungsbeleg nicht gebucht
52	Anwendungsbeleg unvollständig gebucht
53	Anwendungsbeleg gebucht
54	Fehler bei der formalen Anwendungsprüfung
55	Formale Anwendungsprüfung OK
56	Fehlerhaftes IDoc hinzugefügt
57	Test-IDoc: Fehler bei der Anwendungsprüfung
58	IDoc-Duplikat aus R/2-Verbindung
59	Nicht verwendet
60	Syntaxfehler im IDoc (Eingang)
61	Weiterverarbeitung trotz Syntaxfehler (Eingang)
62	IDoc an Anwendung übergeben
63	Fehler bei IDoc-Übergabe an die Anwendung
64	IDoc ist übergabebereit an die Anwendung
65	Fehler im ALE-Dienst
66	IDoc wartet auf Vorgänger-IDoc (Serialisierung)
67	Nicht verwendet
68	Fehler, keine weitere Bearbeitung
69	IDoc wurde editiert
70	Original eines IDocs, welches editiert wurde
71	IDoc aus Archiv zurückgeladen
72	Nicht verwendet, nur R/2
73	IDoc archiviert
74	IDoc aus Testtransaktion erzeugt
75	IDoc ist in Eingangsqueue

Tabelle 6.2: Fehlerbehebung – IDoc-Status, eingehende Nachrichten

6.6 Löschen von IDocs

Wie zuvor beschrieben, können Sie den Status von IDocs so umsetzen, dass diese nicht mehr in Ihrer Arbeitsliste erscheinen.

Alternativ können Sie IDocs aber auch aus der Datenbank löschen. Mit der Transaktion *WE11* sortieren Sie die entsprechenden IDocs (siehe Abbildung 6.17).

Ein besonderes Augenmerk sollten Sie in diesem Fall auf das Kennzeichen Testlauf legen, das standardmäßig gesetzt ist. Mit diesem Kennzeichen vermeiden Sie, dass IDocs versehentlich gelöscht werden.

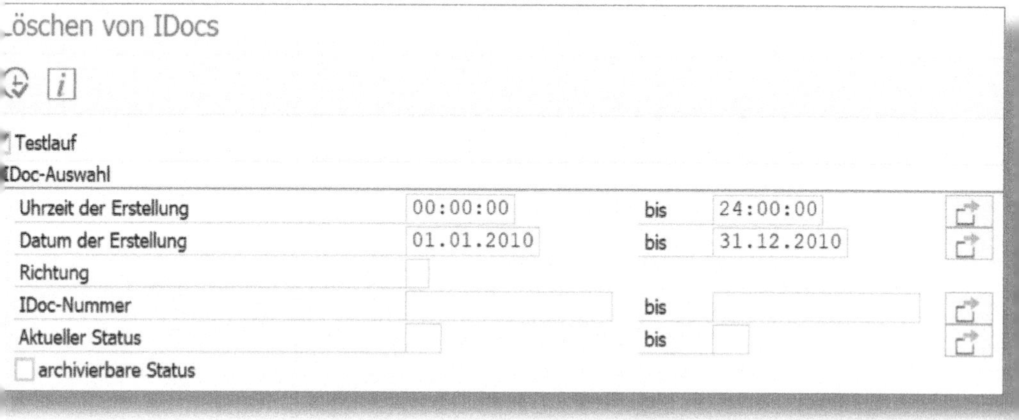

Löschen von IDocs

Testlauf

IDoc-Auswahl

Uhrzeit der Erstellung	00:00:00	bis	24:00:00
Datum der Erstellung	01.01.2010	bis	31.12.2010
Richtung			
IDoc-Nummer		bis	
Aktueller Status		bis	

archivierbare Status

Abbildung 6.17: WE11, Löschen von IDocs – Einstieg

In der Abbildung 6.18 sehen Sie den oberen Teil des Einstiegsbildschirms. Weitere Selektionen nach Nachrichtentyp, Empfänger und Sender werden ebenfalls angeboten.

Nachrichtentyp bis
Basistyp bis
Erweiterung bis
Nachrichtenvariante bis
Nachrichtenfunktion bis
Test-Kennzeichen

Empfänger
Empfängerport bis
EmpfPartnernummer bis
Partnerart Empfänger bis
EmpfPartnerrolle bis

Sender
Absenderport bis
AbsPartnernummer bis
Partnerart Absender bis
Partnerrolle Sender bis

Abbildung 6.18: WE11, Löschen von IDocs – weitere Selektionsoptionen

Im unteren Bereich des Bildschirms können zusätzliche, mit dem IDoc verknüpfte Objekte zur Löschung ausgewählt werden (siehe Abbildung 6.19).

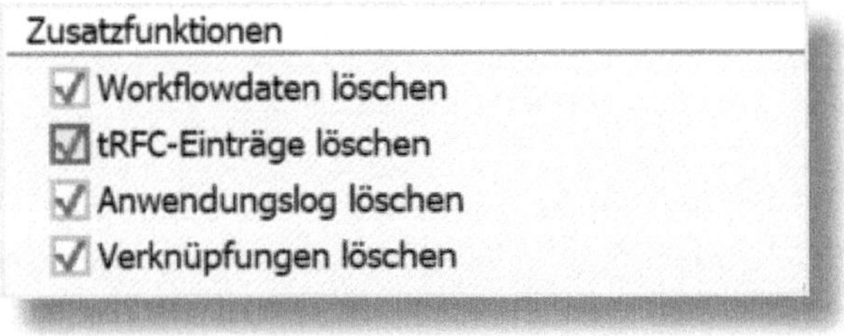

Zusatzfunktionen
☑ Workflowdaten löschen
☑ tRFC-Einträge löschen
☑ Anwendungslog löschen
☑ Verknüpfungen löschen

Abbildung 6.19: WE11, Löschen von IDocs – Zusatzfunktionen

Die Empfehlung von SAP lautet, dass diese zusätzlichen Objekte nur dann gemeinsam mit dem IDoc gelöscht werden sollen, wenn es keine eigenen Löschroutinen für ebendiese gibt. Ein gleichzeitiges Löschen dieser Objekte nimmt sehr viel Zeit in Anspruch, und es kommt möglicherweise zu einem Abbruch der Transaktion.

Wenn Sie die Transaktion im Testmodus starten, werden Ihnen gemäß Ihrer Selektion diejenigen IDocs angezeigt, die gelöscht werden können (siehe Abbildung 6.20).

Es wurde ein Testlauf durchgeführt.
RFC-Einträge: 0

Löschen von IDocs

Nachrichtentyp	Status	IDocs	Workflows	Anwendungs	Verknüpfungen
ORDERS	03	1	0	0	2
		1	**0**	**0**	**2**

Abbildung 6.20: WE11, Löschen von IDocs – Testlauf

Dass es sich hierbei um einen Testlauf handelt, ist ausschließlich an der Überschrift zu erkennen. Diese lautet beim Echtlauf erwartungsgemäß anders (siehe Abbildung 6.21).

Es wurde ein Echtlauf durchgeführt.
RFC-Einträge: 0

Löschen von IDocs

Nachrichtentyp	Status	IDocs	Workflows	Anwendungs	Verknüpfungen
ORDERS	03	1	0	0	2
		1	**0**	**0**	**2**

Abbildung 6.21: WE11, Löschen von IDocs – Echtlauf

Da wir uns in einem Testsystem befinden, habe ich hier auch die Verknüpfungen gelöscht, sodass in der Bestellung kein IDoc mehr in der Verknüpfung angezeigt wird.

Mich wundert bei dieser Transaktion, dass keine Liste der gelöschten IDocs angezeigt wird.

Wenn Sie also für Dokumentationszwecke einen Nachweis darüber benötigen, welche IDocs gelöscht wurden, so müssen Sie die Nummern der selektierten IDocs in einer anderen Liste manuell abspeichern.

Aufbewahrungsfristen

IDocs spiegeln betriebswirtschaftliche Vorgänge wider. Wenn Sie also Nachrichten löschen, die einer gesetzlichen Aufbewahrungsfrist unterliegen, so müssen Sie zunächst kontrollieren, ob diese einzuhalten ist, bevor Sie mit dem Löschen beginnen können.

7 Alternative Möglichkeiten, Dokumente und Informationen aus SAP zu versenden

Neben der Versendung von IDocs bietet SAP auch andere Möglichkeiten, Dokumente zu versenden. Diese möchte ich Ihnen im folgenden Kapitel kurz vorstellen.

Nicht alle Ihre Geschäftspartner werden IDocs, XML oder andere Dateiformate empfangen und verarbeiten können. Bei den gängigen Nachrichten im klassischen Auftrags- und Beschaffungswesen haben Sie die Möglichkeit, als Sendemedium z. B. Fax oder E-Mail auszuwählen. Dies bedeutet zwar, dass beim Empfänger immer noch eine manuelle Datenübernahme notwendig ist, der Prozess auf Ihrer Seite hat sich aber trotzdem vereinfacht, da die Nachricht automatisch mit dem Speichern erzeugt und entweder sofort oder zu einem späteren Zeitpunkt versendet wird (siehe hierzu auch Abschnitt 3.4).

Was passiert aber mit den Informationen, die keine Nachricht erzeugen? Um in diesem Fall die elektronische Versendung nutzen zu können, möchte ich Ihnen hier eine Alternative vorstellen. Des Weiteren existieren auch Nachrichten, für die bisher z. B. keine EDIFACT-Nachricht definiert wurde bzw. deren Gebrauch eher unüblich ist, da eine solche Nachricht beim Empfänger nicht zwingend automatisiert verarbeitet wird, sondern den Empfänger informiert. Ich denke da beispielsweise an eine Auftragsbestätigungsmahnung, an Wareneingangsnachrichten oder Rückstandsmahnungen im Bereich der Beschaffung. Dies alles ist aber auch in anderen Bereichen des Unternehmens denkbar. So kann beispielsweise das Rechnungswesen Kontenübersichten an Kunden, Lieferanten und Dienstleister versenden oder Mahnungen zur Zahlung zustellen.

7.1 Alternative zur EDI-Anbindung

Stellen wir uns einmal vor, in Ihrem Unternehmen werden Getränke abgefüllt. Sie haben einen Lieferanten für Cocktails, der seinem Spediteur nicht vertraut, weil er gegen diesen den Verdacht hegt, Waren »beiseitezuschaffen«. Nun bittet er Sie, ihm täglich eine Übersicht der gebuchten Wareneingänge für sein Produkt zu liefern, um zu schauen, ob die gebuchten Wareneingänge den Mengen entsprechen, die er Ihnen geschickt hat. Die Informationen möchte er zeitnah, um Differenzen zwischen seinem Warenausgang und dem Wareneingang in Ihrem Unternehmen besser nachvollziehen zu können.

Jetzt können Sie sich in Outlook einen täglichen Termin erstellen und über die Transaktion *MB51* die Wareneingänge zu diesem Lieferanten des vorherigen Tages anzeigen lassen. Diese Liste können Sie entweder ausdrucken oder aber in eine Datei umwandeln und dem Lieferanten zusenden. Das ist nicht wirklich aufwendig, beansprucht aber doch regelmäßig Zeit, die Sie eigentlich besser nutzen könnten. Nachdem der Lieferant bereits zweimal angerufen hat, weil Sie trotz Erinnerungsfunktion vergessen haben, ihm die gewünschten Informationen zu schicken, suchen Sie nach einer automatisierten Lösung. Dabei hilft Ihnen die *Jobeinplanung* von SAP. Bevor Sie diesen Job jedoch planen können, speichern Sie in der Transaktion *MB51* eine Variante, die sicherstellt, dass nur diejenigen Wareneingänge vom Vortag ermittelt werden, die diesem einen Lieferanten zugeordnet sind. Anschließend starten Sie die Transaktion *SM36*, um einen Job einzuplanen (siehe Abbildung 7.1).

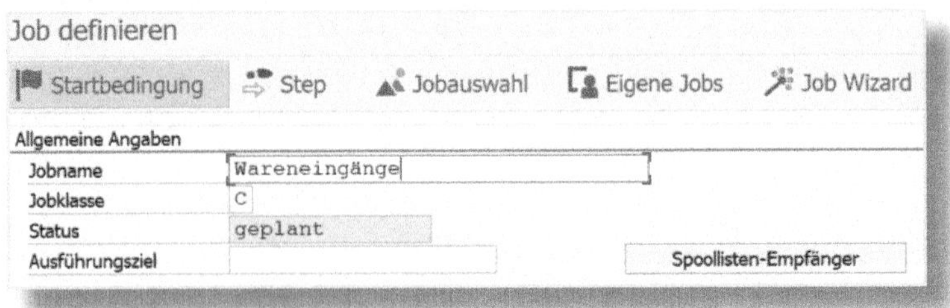

Abbildung 7.1: SM36, Job anlegen – Einstieg

Sie vergeben zuerst einen Namen für den Job, anschließend müssen Sie die Startbedingung definieren. Da Ihr Kunde die Auswertung täglich erwartet, vergeben Sie den Starttermin nach Datum/Uhrzeit (siehe Abbildung 7.2) und bestimmen Periodenwerte (siehe Abbildung 7.3).

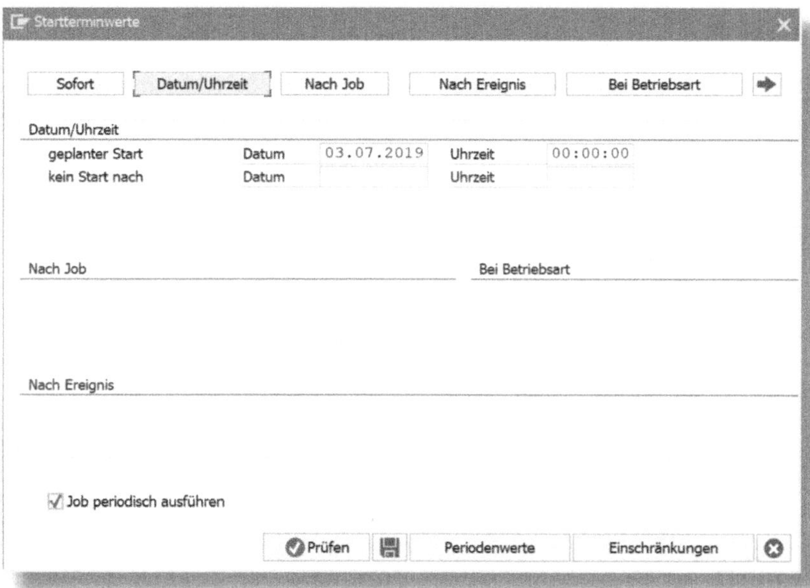

Abbildung 7.2: SM36, Job anlegen – Starttermin

Abbildung 7.3: SM36, Job anlegen – Periodenwerte

Damit Ihr Lieferant die Liste erhält, ohne dass Sie eingreifen müssen, ist es notwendig, dass Sie noch einen Spoollisten-Empfänger definieren.

Wählen Sie hierzu entsprechend **Spoollisten-Empfänger** und tragen Sie die E-Mail-Adresse Ihres Ansprechpartners ein (siehe Abbildung 7.4).

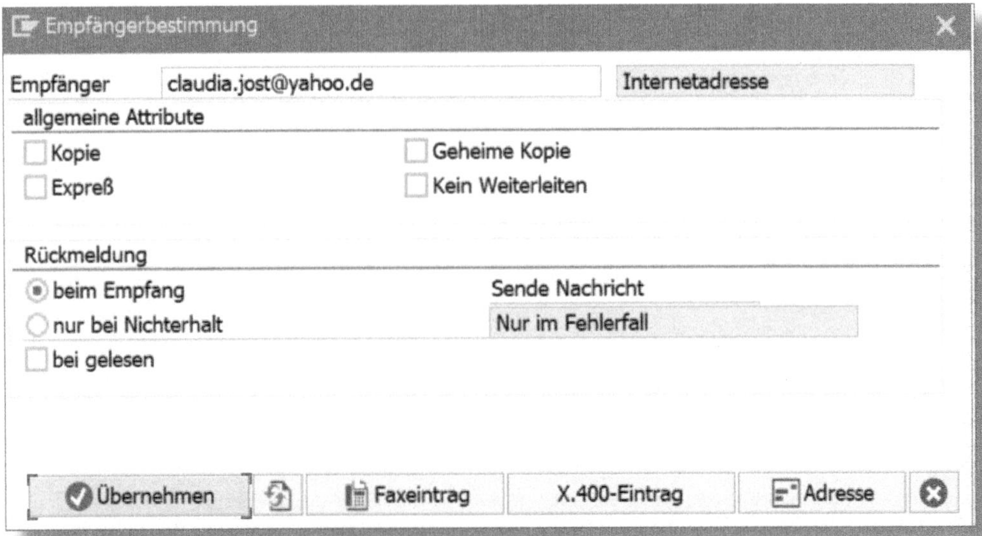

Empfängerbestimmung
Empfänger claudia.jost@yahoo.de Internetadresse
allgemeine Attribute
Kopie
Geheime Kopie
Expreß
Kein Weiterleiten
Rückmeldung
beim Empfang
Sende Nachricht
nur bei Nichterhalt
Nur im Fehlerfall
bei gelesen
Übernehmen
Faxeintrag
X.400-Eintrag
Adresse

Abbildung 7.4: SM36, Job anlegen – Spoollisten-Empfänger eintragen

Damit der Job die vorgesehene Aufgabe ausführt, müssen Sie nun einen Step definieren. In die folgende Ansicht gelangen Sie, indem Sie Step wählen (siehe Abbildung 7.5).

Tragen Sie hier den NAMEN des Programms und die VARIANTE ein, die Sie zuvor angelegt haben.

Den Namen des Programms zu einer Transaktion erhalten Sie, wenn Sie diese aufrufen und dann den Pfeil zur Systeminfo anklicken I68 (8) 850 (siehe Abbildung 7.6).

Step 1 anlegen

Benutzer JOST

Programmangaben

ABAP-Programm | Externes Kommando | Externes Programm

ABAP-Programm

Name	RM07DOCS
Variante	WARENEINGÄNGE
Sprache	DE

Externes Kommando (durch Systemadministrator vordefiniertes Kommando)

Name
Parameter
Betriebssystem
Zielrechner

Externes Programm (direkte Eingabe eines Kommandos durch Systemadministrator)

Name
Parameter
Zielrechner

Prüfen | Druckangaben

Abbildung 7.5: SM36, Job einplanen – Step definieren

• System	I68 (2) 850
Mandant	850
Benutzer	JOST
Programm	RM07DOCS
Transaktion	MB51
Antwortzeit	188 ms
Interpretationszeit	156 ms
Rückverbindungen/Flushes	1/0

Abbildung 7.6: SM36, Job einplanen – Systeminfo

Nach dem Sichern erhalten Sie eine Übersicht über den soeben angelegten Job (siehe Abbildung 7.7).

Nr.	Programmname/Kommand	Programmtyp	Spoolliste	Parameter	Benutzer	Sprache
1	RM07DOCS	ABAP		WARENEINGÄNGE	JOST	DE

Abbildung 7.7: SM36, Job einplanen – Steplistenüberblick

Verlassen Sie die Übersicht mit und sichern Sie die Anwendung. Sie erhalten die folgende Meldung vom System:

Job WARENEINGÄNGE wurde gesichert mit Status: freigegeben

Wenn Sie nun über das Menü SYSTEM – EIGENE JOBS auswählen, wird Ihnen der Job in der Liste angezeigt (siehe Abbildung 7.8).

Jobübersicht

Aktualisieren Freigeben Spool Job-Log Step Job-Details AppServers

Jobname	Spool	Job Dok	Job-Erstelle	Status	Startdatum	Startzeit	Dauer(sec.)	Verzögerung(sec.)
GLD CONTROLLING TÄGLICH			JOST	fertig	02.07.2019	10:00:29	1	29
WARENEINGÄNGE			JOST	freigegeben			0	0
*Zusammenfassung							1	29

Abbildung 7.8: SM36, Job einplanen – Übersicht

Damit haben Sie die Möglichkeit geschaffen, Ihren Lieferanten täglich mit den benötigten Informationen zu versorgen, ohne selbst noch etwas tun zu müssen.

Außerdem haben Sie noch einen weiteren Vorteil: Ein SAP-System vergisst nie.

Und noch etwas: Eine Spoolliste wird nur dann erzeugt, wenn es tatsächlich Wareneingänge gemäß Ihrer Selektion gegeben hat. Wenn nichts angeliefert worden ist, wird auch keine Datei erstellt bzw. nichts versendet.

Verteilerlisten und Ansprechpartner

Sie können die Spoollisten als Ergebnisse der Jobs auch an Verteilerlisten oder auch im System vorhandene Ansprechpartner versenden.

Das Beispiel Wareneingangsbuchung

Sie können für fast jede Transaktion, die sinnvoll ist, einen Job anlegen und das Ergebnis entsprechend verteilen. Wenn Sie Informationen aus mehreren Tabellen oder Transaktionen weiterleiten möchten, hilft Ihnen die Nutzung einer Query, in der Sie die Informationen wie benötigt verknüpfen können.

7.2 Nachrichten auf Druckern in anderen Abteilungen ausgeben

Es klingt unter Umständen banal, und viele von Ihnen haben diese Option möglicherweise bereits in Ihrem Unternehmen etabliert. Es gibt aber vielleicht trotzdem auch einige unter Ihnen, die noch nicht in Betracht gezogen haben, z. B. einen Lieferschein, der in der Auftragsabwicklung erzeugt wurde, direkt auf einem Drucker im Versandzentrum auszudrucken. Hierfür müssen Sie in der Nachrichtensteuerung unter Kommunikation den entsprechenden Drucker eintragen, und schon wird der Lieferschein an der richtigen Stelle ausgedruckt.

7.3 Bestellungen per E-Mail versenden

Elektronischer Versand von Nachrichten kann auch bedeuten, dass die Nachricht Ihr Unternehmen zwar elektronisch verlässt, beim Partner jedoch als PDF ankommt, also nicht ohne Weiteres elektronisch weiterverarbeitet werden kann.

Auch wenn dies in der Regel vielleicht nicht die optimale Lösung darstellt, so können Sie diese Option doch u.a. als Zwischenlösung nutzen, wie z.B. vor der Einführung einer EDI-Verbindung oder für die Kommunikation mit kleineren Geschäftspartnern. Diese Technik bietet einige Vorteile:

- E-Mails sind heutzutage im Geschäftsleben der Kommunikationskanal schlechthin.
- Eine E-Mail können Sie sich auch selbst zusenden, dadurch können Sie sich eine elektronische Ablage schaffen, die weitere Vorteile mit sich bringt (wie z.B. eine einfachere Suche als in einer Papierablage).
- Sie können auch mehrere externe Empfänger eintragen.
- Es fällt kein Papier an.

In unserem Beispiel möchten wir die Versendung von Bestellungen per E-Mail einrichten.

Hierfür müssen Sie als Erstes im Customizing der Nachrichtensteuerung prüfen, ob eine Kommunikationsstrategie hinterlegt wurde. Wählen Sie dazu den Pfad Application • Server • Basis Services • Nachrichtensteuerung • Kommunikationsstrategie festlegen.

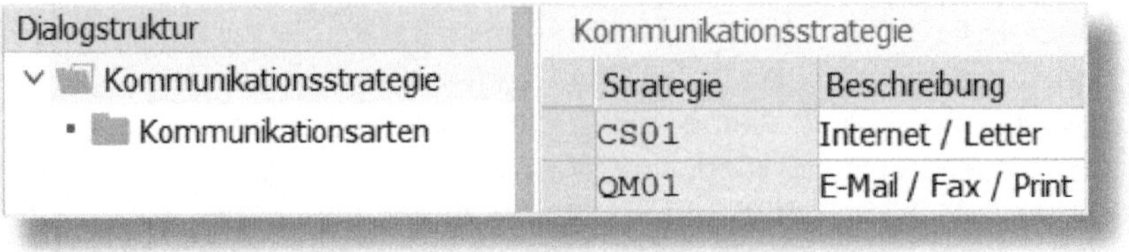

Dialogstruktur
Kommunikationsstrategie
Kommunikationsarten

Kommunikationsstrategie

Strategie	Beschreibung
CS01	Internet / Letter
QM01	E-Mail / Fax / Print

Abbildung 7.9: E-Mail-Versand – Kommunikationsstrategie

Die Kommunikationsstrategie *QM01* (siehe Abbildung 7.9) beinhaltet in unserem Beispiel, dass das System prüft, ob eine E-Mail-Adresse im Lieferantenstamm vorhanden ist. Wenn dies zutrifft, wird die Nachricht per elektronischer Nachricht versendet. Wenn keine E-Mail-Adresse vorliegt, müssen Sie prüfen, ob eine Faxnummer hinterlegt ist. Wenn dies auch nicht der Fall ist, wird der Beleg ausgedruckt (siehe Abbildung 7.10).

Kommunikationsarten

Position	Komm.art	Beschreibung
1	INT	E-Mail
2	FAX	Fax
3	PRT	Drucker

Abbildung 7.10: E-Mail-Versand – Kommunikationsarten

Diese Kommunikationsstrategie hinterlegen Sie in der Nachrichtensteuerung der Bestellung. Wählen Sie hierfür die Kommunikationsart »5« (externes Versenden) aus.

Unter dem Punkt Kommunikation (vgl. Abschnitt 3.5) können Sie dann ferner die Kommunikationsstrategie hinterlegen (siehe Abbildung 7.11).

Variabler Key

EinkOrganisation	Lieferant	Bezeichnung
1000	4141	G. Winde

Komm.strategie: QM01

Abbildung 7.11: E-Mail-Versand – Kommunikationsstrategie Nachrichtensteuerung

E-Mail-Versand von Bestellungen

Um Bestellungen versenden zu können, muss Ihrem Benutzer eine E-Mail-Adresse zugeordnet sein. Sie können dies mit der Transaktion *SU3* überprüfen.

7.4 Benachrichtigungen über den SAP Business Workplace versenden

Eine kleine, aber eindrucksvolle Spielerei ist die Versendung von Pop-up-Benachrichtigungen an Kollegen. Starten Sie die Transaktion *SE37* und geben Sie den Funktionsbaustein TH_POPUP ein. Wählen Sie Ausführen in der Testumgebung.

Anschließend müssen Sie die notwendigen Informationen wie Mandant und Benutzer ergänzen. Unter Message tragen Sie den Text ein (siehe Abbildung 7.12).

Import-Parameter	Wert
CLIENT	850
USER	JOST
MESSAGE	TREFFEN WIR UNS AUF EINEN KAFFEE?
MESSAGE_LEN	0
CUT_BLANKS	

Abbildung 7.12: Pop-up-Benachrichtigungen aufbauen

Anschließend klicken Sie auf OK, und Ihre Kollegin trifft Sie in der Kaffeeküche (siehe Abbildung 7.13).

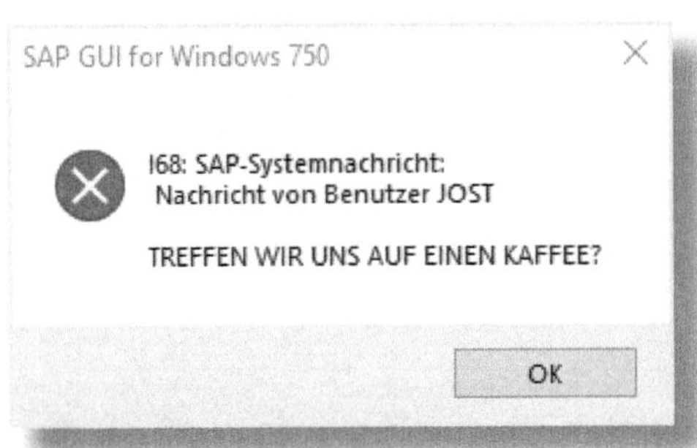

Abbildung 7.13: Pop-up-Benachrichtigungen – gesendete Benachrichtigung

8 Allgemeine Gedanken zum elektronischen Datenaustausch mit externen Geschäftspartnern

Dieses Kapitel erklärt Ihnen, wie Sie vorgehen müssen, um die Kommunikation zwischen externen Geschäftspartnern auf elektronischem Weg zu ermöglichen. Außerdem zeigt es rechtliche Aspekte auf, die Sie bei der Umstellung auf den elektronischen Datenverkehr bedenken sollten.

8.1 Fragestellungen zur Anbindung eines Geschäftspartners

Der Aufbau einer elektronischen Kommunikation mit einem Geschäftspartner ist trotz standardisierter Nachrichten und Kommunikationswege immer noch mit einigem Aufwand verbunden. Dies beinhaltet sowohl die Abstimmung über die zu automatisierenden Prozesse als auch die technischen Parameter, die einzuhalten sind. Selbst wenn beide Partner mit einem SAP-System arbeiten, kann es vorkommen, dass die versendete Information im Empfängersystem nicht ohne vorherige Anpassungen verarbeitet werden kann.

Wenn beide Unternehmen unterschiedliche Systeme nutzen, muss außerdem das SAP IDoc in das Format des empfangenden Systems übersetzt werden.

Dies bedeutet, dass die Information an sich zwar nicht verändert wird, aber die Bezeichnung angepasst werden muss. So lautet die Feldbezeichnung für *Referenz* bei einem SAP IDoc REF, im UN/EDIFACT jedoch RFF. Diese Übersetzung wird in einer Mappingtabelle hinterlegt, und wenn ein Dokument versendet oder empfangen wird, so wird es mithilfe dieser Aufstellung für das Partnersystem in eine verständliche Sprache transferiert.

Mapping ist ebenfalls hilfreich, wenn Felder zwar gleich benannt werden, die Interpretation dieser Bezeichnung aber individuell ausfallen kann. So kann ein Datum zwar durch einen Qualifier als Abgangs-, Versende- oder Erstellungsdatum gekennzeichnet werden, trotzdem müssen beide Kommunikationspartner in einem definierten Segment dieselbe Information erwarten.

Da Unternehmen diese Aktivitäten nur dann durchführen, wenn sich der investierte Aufwand auch bezahlt macht, kann man anhand der Beantwortung der beiden folgenden Fragen relativ schnell ausmachen, mit welchen Partnern dieses sinnvoll erscheint:

- Streben beide Seiten eine strategische Partnerschaft an?
- Ist der Partner aufgrund seiner eigenen IT-Infrastruktur in der Lage, automatisierte Informationen zu verarbeiten und/oder zu versenden?

Erstellen einer Prioritätenliste für Geschäftspartneranbindungen

Mithilfe des QuickViewer können Sie relativ einfach eine Auswertung im SAP-System vornehmen, um diejenigen Partner zu ermitteln, mit denen Sie eine Vielzahl von Nachrichten austauschen.

Beachtenswert ist dabei, dass der Vorteil für Ihr Unternehmen meist nicht darin liegt, eine Nachricht zu versenden, sondern darin, eine Antwort zu erhalten, die automatisiert verarbeitet werden kann.

Wenn Sie die infrage kommenden Geschäftspartner identifiziert haben, müssen Sie priorisieren, in welcher Reihenfolge diese auf einen automatisierten Nachrichtenaustausch umgestellt werden.

Folgende Anhaltspunkte können helfen, eine entsprechende Reihenfolge zu ermitteln:

- Höhe der erwarteten Einsparungen für Ihr Unternehmen ⇨ Wie viele Vorgänge können automatisiert werden?

- Höhe der erwarteten Einsparungen für das Partnerunternehmen ⇨ Wie viele Vorgänge können automatisiert werden?
- Hat das Partnerunternehmen ebenfalls ein Interesse an der Automatisierung? Müssen Sie mit Widerstand rechnen oder arbeiten beide aktiv an der Umstellung?
- Sprechen Sie beide dieselbe Sprache? Englisch ist im täglichen Geschäft mittlerweile Usus, trotzdem kann die Umstellung durch sprachliche Barrieren verzögert werden.

Neben der Identifizierung der Partner müssen Sie auch entscheiden, für welche Prozesse oder Nachrichten Sie die Automatisierung einführen wollen.

- Komplexität der Vorgänge ⇨ Welchen Standardisierungsgrad haben die Nachrichten?
- Wie häufig werden diese Prozesse innerhalb einer definierten Periode abgearbeitet? Wie hoch ist der zu erwartende Zeitgewinn infolge des Wegfalls manueller Prozesse?
- Gibt es bereits eine Verarbeitung dieser Nachrichten durch andere Abteilungen in Ihrem Unternehmen? Können demzufolge Synergien genutzt werden, um den Aufwand für die Realisierung der Anbindung zu reduzieren?

Die Abarbeitung dieser drei Blöcke unterliegt keiner festgelegten Reihenfolge, dennoch halte ich es für wichtig, diese Aspekte nicht aus dem Auge zu verlieren.

8.2 Was muss beim elektronischen Datenaustausch mit externen Geschäftspartnern beachtet werden?

Zahlreiche Geschäftsdokumente, die Sie mit Ihren Partnern austauschen, unterliegen rechtlichen Anforderungen (z. B. Rechnungen). Deshalb ist es auch aus rechtlicher Sicht notwendig, dass Sie eine Vereinbarung über den elektronischen Datenaustausch abschließen. Hierzu finden Sie im Internet eine Vielzahl an Vorlagen, die Sie an Ihre Belange anpassen können.

Nachfolgend nenne ich Ihnen eine Auswahl von Punkten, die Sie auf jeden Fall vereinbaren sollten, ohne dass diese Aufstellung den Anspruch auf Vollständigkeit erheben würde.

- **Sicherheit:** Es müssen Vereinbarungen bzgl. der Sicherheitsstandards im Nachrichtenaustausch getroffen werden. Dies ist insbesondere dann wichtig, wenn die Nachrichten nicht über eine direkte Verbindung, sondern über das Internet ausgetauscht werden. Hierbei geht es vor allem um den Schutz vor Zugriff durch Unberechtigte, aber auch um die Überprüfung, wer die Nachricht gesendet hat (Ursprung) und ob diese unverändert empfangen wurde.
- **Vertraulichkeit:** Daten, die vom Versender als vertraulich eingestuft wurden, werden auch vertraulich behandelt.
- **Fristen:** Nachrichten sollten entweder unverzüglich oder aber in einer vereinbarten Zeit bearbeitet werden. So kann sichergestellt werden, dass Nachrichten, die vom Empfänger nicht verarbeitet werden können, in einer adäquaten Zeitspanne an den Sender zurückgemeldet werden und auf diese Weise eine zügige Neuverarbeitung angestoßen werden kann.

Vereinbarung von Fristen

Wenn Sie mit Ihrem Kunden eine Zusendung von Lieferbenachrichtigungen (Lieferavise = DESADV) vereinbart haben, sollte die Verarbeitung der Nachricht in einem kurzen Zeitraum bestätigt werden.

Anderenfalls besteht die Gefahr, dass eine Lieferung bereits m Anlieferort ist, dort aber nicht eingelagert werden kann, weil die notwendigen Daten im SAP-System (Lieferavis) fehlen.

Dies kann natürlich manuell behoben werden; wenn man aber an große Logistikzentren mit kurzen Zeitfenstern für die Spediteure denkt, kann dies zu erheblichen Mehraufwänden und -kosten führen.

- **Durchführung:** Die Teilnehmer am elektronischen Datenaustausch müssen sich über den Kommunikationsweg und die Kommunikationsparameter verständigen, die Verfügbarkeit der Kommunikationssysteme muss gewährleistet sein. Darüber hinaus sollte bedacht werden, welche Prozesse durchlaufen werden müssen, falls die Systeme ausfallen.
- **Kosten:** Letztendlich sind auch diese ein zentrales Thema hinsichtlich dessen eine Abstimmung erzielt werden muss. Welcher Partner trägt welche Kosten? Das beinhaltet sowohl die Kosten im Tagesgeschäft, die für Dienstleister und Infrastruktur anfallen, aber auch jene Aufwände, die bei Sonderfällen entstehen, etwa wenn Nachrichten aufgrund geänderter gesetzlicher Anforderungen angepasst oder Berater hinzugezogen werden müssen.

Einigung über Prozesse

Eine Definition der einzuhaltenden Prozessparameter sollte in gesonderten Verträgen aufgenommen werden, da diese innerhalb eines Unternehmens entsprechend anders aufgebaut sein können.

Wenn ein Unternehmensbereich im Projektgeschäft mit normalerweise langen Projektzeiten (wie z. B. die Baubranche) aktiv ist, dann werden andere Reaktions- und Servicezeiten benötigt als beispielsweise in einem Geschäft, bei dem eine tages- oder stundengenaue Abwicklung verlangt wird (z. B. in der Pharmaindustrie). Auch sind für hochinnovative Industrien andere Sicherheitsvorkehrungen beim Austausch von Produktdaten zu treffen als für Unternehmen, die mit Standardprodukten handeln.

- **Recht:** Natürlich müssen auch rechtliche Anforderungen an bestimmte Dokumente beachtet werden. Dazu gehören z. B. die Angabe aller rechtlich notwendigen Informationen auf einer Rechnung sowie zwingend vorhandene Registrierungsnummern bei Pharmazieprodukten.

8.3 Was muss ich neben der Technik beim elektronischen Datenversand beachten?

Thorsten Dirks, ehemaliger CEO der Telefónica Deutschland AG und heute u. a. Mitglied im Vorstand der Lufthansa, sagte: »Wenn Sie einen Scheißprozess digitalisieren, dann haben Sie einen scheiß digitalen Prozess.«[1]

In vielen Unternehmen wird die Digitalisierung wie ein IT-Projekt betrachtet. Eine ausschließliche Konzentration auf datentechnische Belange führt aber dazu, dass Sie zu dem Ergebnis kommen, das eingangs zitiert wurde. Ein Digitalisierungsprojekt ist immer auch ein Organisations- und Prozessoptimierungsprojekt, das alle am Informationsaustausch Beteiligten einbeziehen muss. Dabei sollten Sie nicht nur die internen Prozesse betrachten, sondern den Fokus auch auf die Anforderungen Ihres Geschäftspartners legen, damit sein Geschäft die elektronischen Informationen optimal verarbeiten kann. Es ist beispielsweise verlorene Zeit, wenn Sie Ihrem Lieferanten Ihre neuen Bestellungen immer mittwochs zusenden, dieser die wöchentliche Planung aber stets dienstags erstellt. Somit geht eine Woche verloren, in der Ihre Bestellungen nicht in der Planung berücksichtigt werden, wodurch sich folglich auch die Lieferzeit verlängert. Es mag banal klingen, aber solche Situationen lassen sich oft durch Gespräche mit dem Lieferanten und natürlich auch mit Ihrer internen Planung optimieren.

Gleiches gilt für die Kundenseite. Wenn Sie die Nachricht DESADV zu einem Zeitpunkt senden, zu dem Ihr Kunde diese aufgrund anderer Gegebenheiten nicht mehr an das Lager übermitteln kann, dann können Waren nicht im vereinbarten Anlieferzeitraum eingebucht werden, obwohl diese pünktlich zugestellt wurden.

Ein weiteres Beispiel ist der Versand von Zahlungsavisen. Wenn diese termingerecht bei Ihrem Geschäftspartner eintreffen, kann mancher Mahnvorgang vermieden werden. Und wie Sie wissen, führen Mah-

---

[1] »Nachdenklich und lustig«, Suddeutsche Zeitung vom 09.11.2015 *https://www.sueddeutsche.de/wirtschaft/zitate-des-tages-von-altmaier-und-co-1.2744728* (aufgerufen am 28.04.2020)

nungen immer zu Anfragen an verschiedenste Abteilungen und kosten damit Zeit.

Wenn Sie im partnerschaftlichen Gespräch sowohl mit internen als auch mit externen Geschäftspartnern einen gemeinsamen Weg finden, der möglichst alle Seiten zufriedenstellt, führt dies zu einem angenehmeren Arbeiten. Dadurch schafft Ihnen die Digitalisierung Freiräume für die Beschäftigung mit angenehmeren Themen, wie z. B. dem Aufbau von weiterem SAP-Wissen.

9 Exkurs

In diesem Kapitel möchte ich Ihnen weitere Informationen, Begriffe und Prozesse nahebringen, die Sie in Ihrem täglichen Tun unterstützen können – seien es generelle Begriffe aus dem Management oder sei es hilfreiches Hintergrundwissen zum SAP-System.

9.1 Wie funktioniert die buchungskreisübergreifende Kommunikation?

Für die buchungskreisübergreifenden Prozesse in einem SAP-System werden gleich mehrere Begriffe synonym verwendet, man spricht auch vom *Inter-Company-* oder vom *Cross-Company-Geschäft*.

Grundsätzlich können Sie davon ausgehen, dass die Art und Weise, wie Geschäfts- oder Unternehmensbereiche innerhalb des SAP-Systems miteinander kommunizieren, bereits bei der Einführung des SAP-Systems im Zuge des Basisaufbaus definiert wurde.

Wenn Sie sich ein Unternehmen (*Mandant*) wie ein Haus vorstellen, dann hat dieses Haus verschiedene Zimmer (*Buchungskreise*). Weil verhindert werden soll, dass Dokumente von einem zum anderen Zimmer gebracht werden müssen, hat man eine elektronische Versendung von Nachrichten vereinbart. Zudem haben die Bewohner dieses Hauses beschlossen, dass nicht nur der Versand der Belege elektronisch erfolgen soll, sondern dass diese auch elektronisch verarbeitbar sein müssen. Dafür hat man sich auf den Standard IDoc geeinigt. Damit Nachrichten (*Belege*) in das richtige Zimmer geliefert werden, hat jedes Zimmer eine eigene Zimmernummer (*Port*).

Da es sich bei diesem Haus um ein Unternehmen (*Company*) handelt, spricht man auch von der *Inter-Company-Abwicklung* (siehe Abbildung 9.1) bzw. von der buchungskreisübergreifenden Kommunikation.

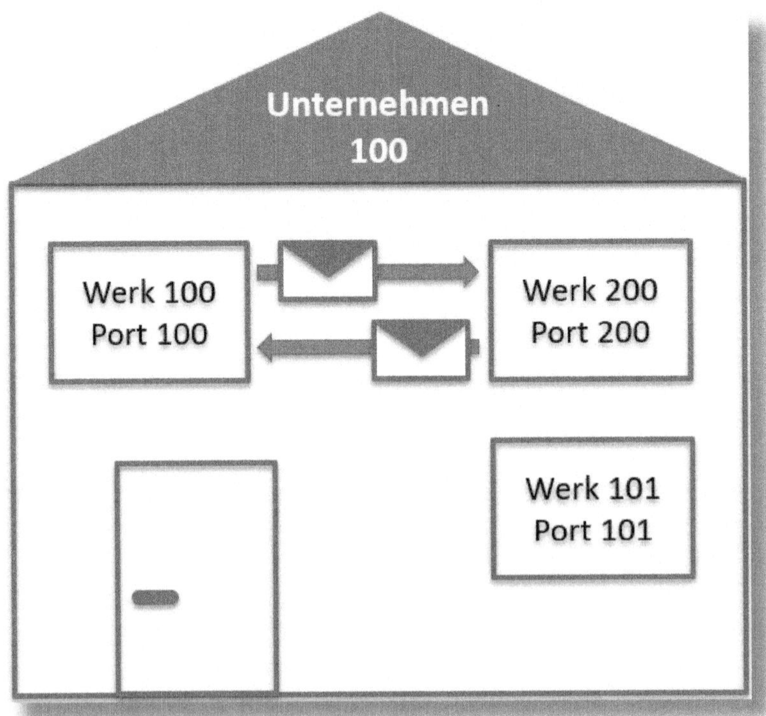

Abbildung 9.1: Inter-Company – Aufbau

9.2 Der Cross-Company-Geschäftsvorfall

Unter Cross-Company- oder auch Inter-Company-Geschäften versteht man die buchungskreisübergreifende Abwicklung von Käufen und Verkäufen. Dabei stehen die Buchungskreise für eine Firma innerhalb einer Organisation, die mit dem Mandanten gleichzusetzen ist, d. h., die Waren werden von einem Werk (Kunde) bei einem anderen Werk (Lieferant) bestellt. Im Folgenden stelle ich Ihnen zwei Szenarien vor: die Standard-*Inter-Company-Abwicklung* und das *Streckengeschäft*.

Bei der **Inter-Company-Abwicklung** handelt es sich um einen »normalen« Geschäftsvorfall, der unter anderem auch die Elemente Kundenauftrag, Lieferung und Faktura beinhaltet (siehe Abbildung 9.2).

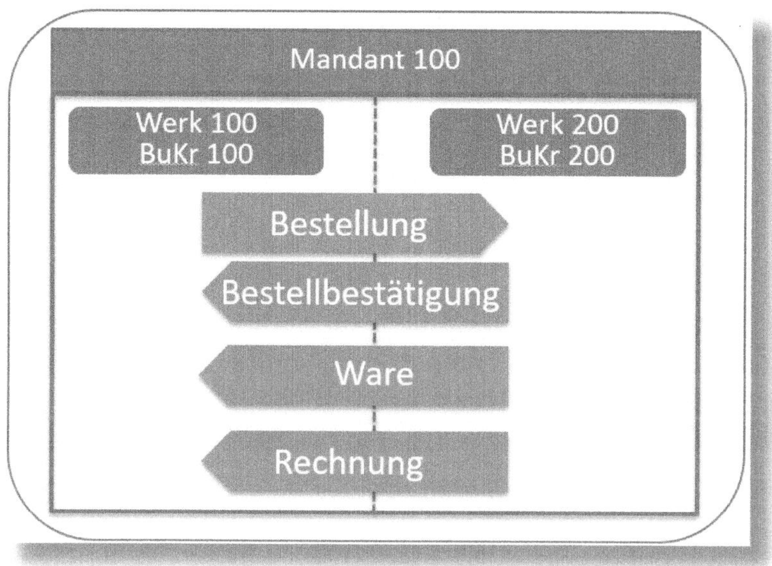

Abbildung 9.2: Inter-Company-Prozess – einfache Bestellung

Bei dem gezeigten Prozess könnte es sich beispielsweise um einen Fahrradhersteller handeln. Im Werk 100, das in diesem Exempel der Kunde ist, werden die Fahrräder montiert, im Werk 200 werden Fahrradbremsen hergestellt. Werk 200 ist in diesem Fall der Lieferant für das Werk 100. Letzteres bestellt nun im Werk 200 100 Bremssysteme. Um hier kein papierhaftes Dokument zu erzeugen, wird die Bestellung per IDoc versendet. Das in diesem Fall verwendete IDoc ist *ORDERS*.

Im Werk 200 können nun der Bestand und die Produktionsplanung geprüft werden. Wenn zum Auslieferungszeitpunkt ausreichend Bestand am Lager ist, wird dieser Kundenauftrag im SAP-System von Werk 200 eingebucht. Damit Werk 100 weiß, dass der Auftrag erhalten wurde, und ferner über den Liefertermin, die Liefermenge und weitere Konditionen informiert ist, sendet Werk 200 eine Bestellbestätigung, nämlich das IDoc *ORDRSP*. Auch ORDRSP wird im SAP-System vom Werk 100 automatisiert verarbeitet. Nachdem 100 Bremsen geliefert worden sind, versendet das Werk 200 eine Rechnung, IDoc *INVOIC*, die dann zu der Bestellung im Werk 100 gebucht wird.

Ein weiteres Beispiel für schnellere und aufwandsärmere Prozesse durch elektronischen Datenverkehr ist das **Streckengeschäft**. Beim Streckengeschäft sind drei Geschäftspartner involviert: Es gibt einen Kunden, der eine Ware beim Lieferanten bestellt. Dieser Lieferant ordert die Ware bei einem anderen Lieferanten, der diese Ware dann wiederum seinerseits direkt an den Kunden liefert (siehe Abbildung 9.3).

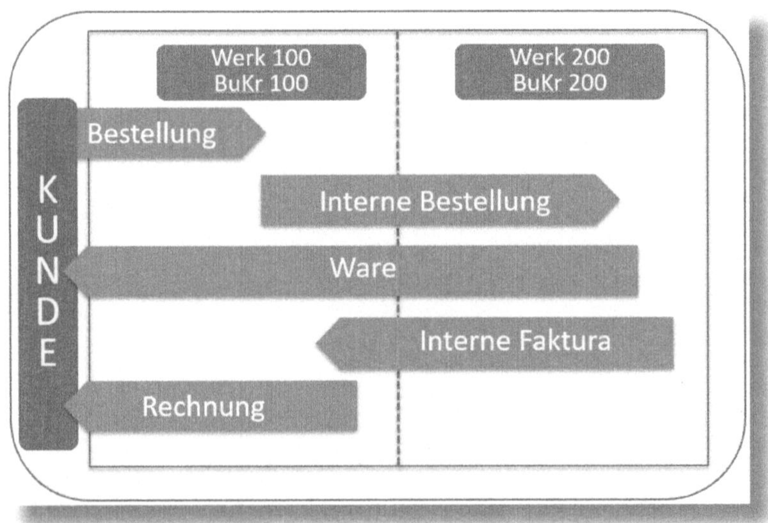

Abbildung 9.3: Inter-Company – Streckengeschäft

Stellen wir uns vor, der Kunde kauft bei seinem Lieferanten Werk 100 Fahrräder. Gleichzeitig möchte dieser Kunde aber auch Bremssysteme kaufen, um Reparaturen durchführen zu können. Diese Bremssysteme werden im Werk 200 produziert. Deshalb wird die Kundenauftragsposition Bremssysteme in eine Bestellung an Werk 200 überführt. Der Lieferant Werk 200 wird dann diese Bremssysteme zum Kunden liefern. Da aber Werk 100 der Lieferant für diesen Kunden ist, wird die Rechnung auch von Werk 100 erstellt. Wie bei der zuvor beschriebenen Bestellung wird auch diese über *ORDERS*, die Bestellbestätigung über *ORDRSP* und die interne Rechnung über *INVOIC* im buchungskreisübergreifenden Verhältnis übermittelt. Die Anbindung von externen Geschäftspartnern betrachten wir im nächsten Kapitel.

Es muss in diesem Prozess jedoch bedacht werden, dass der Kunde nicht weiß oder nicht wissen soll, dass der Lieferant Werk 200 der eigentliche Hersteller der Bremssysteme ist. Deshalb werden weitere Belege in dieser Geschäftsbeziehung benötigt (siehe Abbildung 9.4).

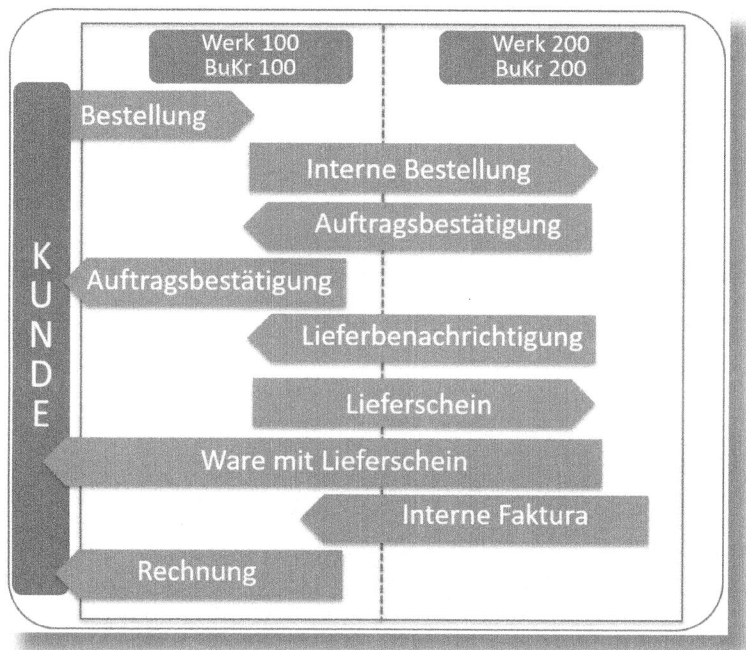

Abbildung 9.4: Inter-Company – Streckengeschäft, Belege

Wenn Werk 100 also nicht möchte, dass der Kunde erfährt, dass der eigentliche Produzent der Bremssysteme Werk 200 ist, muss der Lieferschein, der der Ware beigelegt wird, so aussehen, als ob die Ware von Werk 100 geliefert wird. Deshalb wird der Lieferschein (*DELVRY*) von Werk 100 an Werk 200 übermittelt, dort ausgedruckt und mit der Ware versendet.

Natürlich ist dies nur ein Beispiel dafür, wie ein Streckengeschäft elektronisch innerhalb des Unternehmens abgebildet werden kann. Es sind sicherlich auch andere Varianten denkbar, diesen Prozess zu realisieren.

Sowohl beim firmeninternen Geschäft als auch bei der Zusammenarbeit mit externen Geschäftspartnern ist das Ziel der elektronischen Abwicklung, dass alle Geschäftsvorfälle, die innerhalb vereinbarter Anforderungen verlaufen, keine manuellen Eingriffe benötigen.

Inter-Company-Bestellung

Wenn zwei Unternehmensteile Waren von einem in den anderen Bereich verbringen, so wird dies bei Bereichen, die in unterschiedlichen Buchungskreisen agieren, über einen Kundenauftrag und eine Normalbestellung abgewickelt. Mit dem Übergang der Ware wird auch der Bestandswert vom einen Buchungskreis in den anderen übertragen.

Umlagerungsbestellung

Agieren beide Partner in einem Buchungskreis, so werden Materialien mittels einer Umlagerungsbestellung von einem Werk zum anderen verbracht. Der Bestandswert im Buchungskreis verändert sich nicht.

Umlagerung

Wenn Waren innerhalb eines Werks von einem zum anderen Lagerort mittels einer Warenbewegung »-Buchung Lagerort an Lagerort« umgelagert werden, dann ändert sich der Bestand an den Lagerorten, nicht aber im Werk und auch nicht im Buchungskreis.

9.3 Management by Exception

Beim *Management by Exception* handelt es sich um eine Form der Unternehmensführung, die sich auf die Abweichungen (Exceptions) konzentriert. Im kontinuierlichen Soll-Ist-Vergleich wird die Eignung von Maßnahmen überprüft, um den Sollzustand zu erreichen. Werden Abweichungen erkannt, müssen Maßnahmen gesondert kontrolliert werden, um die Zielerreichung abzusichern. Die innerhalb der vereinbarten Zielkorridore liegenden Prozesse und Kennzahlen werden nachrangig betrachtet (siehe Abbildung 9.5).

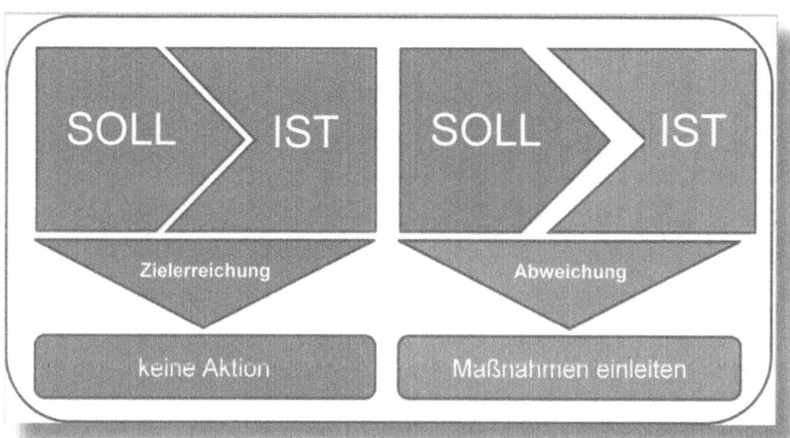

Abbildung 9.5: Management by Exception

Für diese Form der Steuerung ist eine vorherige Analyse der Unternehmensprozesse sowie der daraus resultierenden Maßnahmen unerlässlich. Die Wirksamkeit der Handlungsschritte muss mit geeigneten Kennzahlen regelmäßig überprüft werden. Für jede Kennzahl ist ein Zielwert oder -korridor vorzugeben, innerhalb dessen eine intensivere Betrachtung unterbleibt. Gleichzeitig kann dem Mitarbeiter im Rahmen des Zielkorridors ein eigener Entscheidungsspielraum gewährt werden. Die dadurch gesteigerte Kompetenz des Beschäftigten kann sich positiv auf dessen Motivation und die des Teams auswirken.

Gerade bei häufig bis täglich wiederkehrenden Routineaufgaben führt das Management by Exception zu einer deutlichen Entlastung der Führungskraft. Diese muss sich nicht mehr um Situationen kümmern, die entweder der Mitarbeiter im Rahmen seines Verantwortungsbereichs allein entscheiden kann oder die ohne Probleme ablaufen. Die Idee des »Führens nach dem Ausnahmeprinzip« ist dabei eng verbunden mit dem »Management by Objectives«, dem Führen mit Zielen.

Nur Zielsetzungen, mit denen sich der Mitarbeiter identifiziert, werden von diesem auch angestrebt.

Besonders wichtig bei diesem Konzept ist die Visualisierung der Kennzahlen. Es muss für alle auf den ersten Blick erkennbar sein, ob ein Prozess bzw. dessen Ergebnis innerhalb der vereinbarten Norm liegt oder ob eingegriffen werden muss. Da sich eine Führungskraft gewöhnlich mit vielen Angestellten und der Zielerreichung auseinandersetzen muss, sind eine Standardisierung der Kennzahlen, ihre Darstellung sowie ihre klare Definition relevant. Ideal wäre die unternehmensweite Standardisierung, da diese zum einen die schnelle Analyse aller Kennzahlen ermöglicht, zum anderen aber auch eine Grundlage für die Aggregation der Kennzahlen von Tagesgeschäftsebene bis auf Unternehmenszielniveau bietet. Gleichzeitig lassen sich die Ziele von der Unternehmens- über die Bereichs- bis auf die Arbeitsebene adaptieren.

Abbildung 9.6 zeigt, wie im Tagesgeschäft ein Management by Exception aussehen kann. Es handelt sich um ein Beispiel aus der Informationsverarbeitung, bei dem zwischen dem Kunden und dem Lieferanten Informationen aus den ERP-Systemen ausgetauscht werden.

Abbildung 9.6: Management by Exception im elektronischen Datenverkehr

Wenn z. B. der Kunde eine Bestellung an den Lieferanten versendet und die Auftragsbestätigung des Lieferanten nicht von den Bestelldaten abweicht, wird diese automatisch im ERP-System des Kunden verarbeitet.

Besteht eine Abweichung in vorher festzulegenden Kriterien wie Bestellpreis, Liefertermin, Mengen etc., so kann das SAP-System beispielsweise eine Workflow-gesteuerte Benachrichtigung an den Beschaffer versenden. Dieser muss dann die Abweichung bearbeiten.

Der Vorteil dieser Vorgehensweise besteht darin, dass sich der Aufwand deutlich reduziert: Vorgänge, die den Anforderungen entsprechen und erfüllt werden können, benötigen keine weitere Aufmerksamkeit des Bearbeiters – was im Übrigen für beide Seiten gelten kann.

Wenn z. B. der Lieferant eine Bestellung erhält, die durch den Lagerbestand oder die Produktionsplanung abgedeckt ist, muss der Bearbeiter auch hier nicht mehr eingreifen, stattdessen versendet das ERP-System die Auftragsbestätigung, ohne dass weitere manuelle Eingriffe notwendig wären.

9.4 Welche Qualifier gibt es zu einem Segment?

In der Diskussion mit der Fachabteilung oder dem Geschäftspartner darüber, wie eine Information im IDoc interpretiert wird und welche Optionen man wählen kann, möchten Sie wissen, welche Qualifier zu einem bestimmten Segment im SAP-System hinterlegt sind.

Um diese Information zu finden, suchen Sie sich das Segment in einem IDoc und öffnen die Transaktion *SE11* (siehe Abbildung 9.7).

Tragen Sie im Feld DATENBANKTABELLE das Segment ein und wählen Sie anschließend Anzeigen.

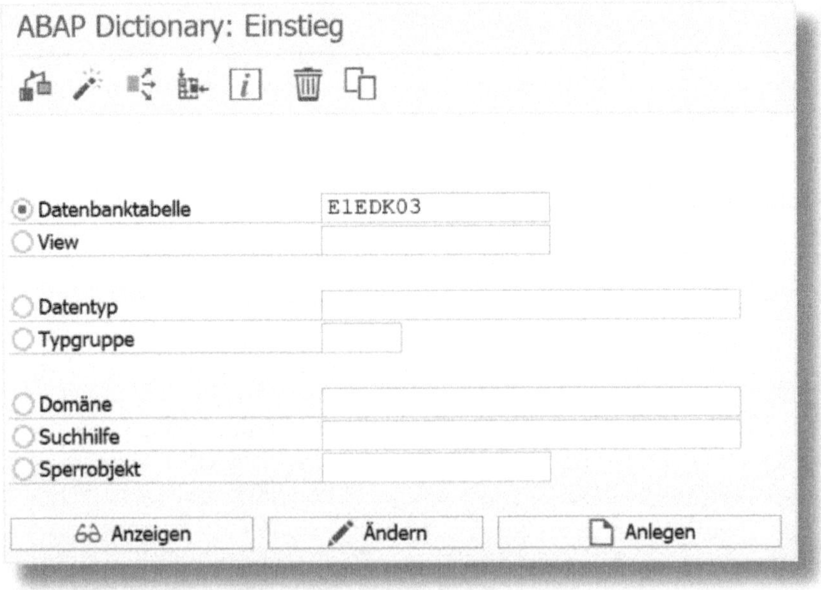

ABAP Dictionary: Einstieg

- (•) Datenbanktabelle: E1EDK03
- ( ) View
- ( ) Datentyp
- ( ) Typgruppe
- ( ) Domäne
- ( ) Suchhilfe
- ( ) Sperrobjekt

Anzeigen | Ändern | Anlegen

Abbildung 9.7: Qualifier anzeigen – Segment

Richten Sie nun in der angezeigten Tabelle den Cursor auf die Komponente, die dem Qualifier entspricht (in Abbildung 9.8 EDI_IDDAT), und öffnen Sie mit einem Doppelklick die Information zu dieser Komponente.

Struktur: E1EDK03 aktiv
Kurzbeschreibung: IDOC: Belegkopf Datumssegment

Eigenschaften | Komponenten | Eingabehilfe/-prüfung | Währungs-/Mengenfelder

Eingebauter Typ 3

Kompone...	Typisierungsart	Komponentent...	Datentyp	Lä...	DezSte...	Kurzbeschreibung
IDDAT	Type	EDI_IDDAT	CHAR	3	0	Qualifier Datumssegment IDOC
DATUM	Type	EDIDAT8	CHAR	8	0	IDOC: Datum
UZEIT	Type	EDITIM6	CHAR	6	0	IDOC: Uhrzeit

Abbildung 9.8: Qualifier anzeigen – Komponententyp auswählen

Jetzt wird Ihnen das Datenelement angezeigt (siehe Abbildung 9.9).

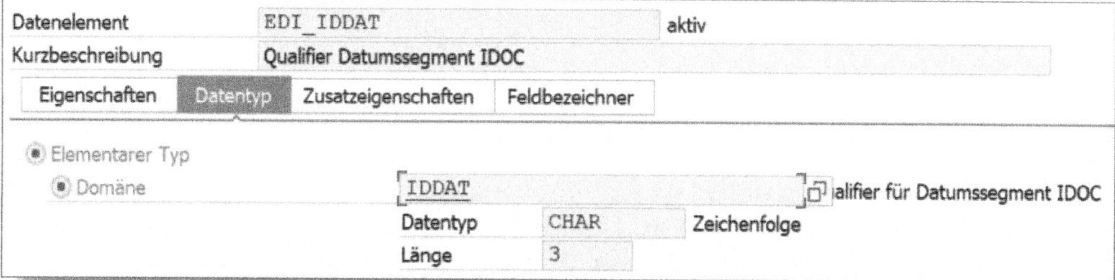

Abbildung 9.9: Qualifier anzeigen – Domäne auswählen

Mit einem weiteren Doppelklick auf die DOMÄNE (in diesem Beispiel *IDDAT*) erhalten Sie nun die Möglichkeit, weitere Informationen abzurufen.

Im Bereich DOMÄNE können Sie des Weiteren die Registerkarte WERTEBEREICH anklicken, anschließend wird die Liste der möglichen Qualifier angezeigt (siehe Abbildung 9.10).

Domäne IDDAT aktiv
Kurzbeschreibung Qualifier für Datumssegment IDOC
Eigenschaften | Definition | Wertebereich

Einzelwerte

I	Festwert	Kurzbeschreibung
	001	Lieferdatum (Lieferant)
	002	Wunschlieferdatum (Kunde)
	003	Bewerbungsfrist
	004	Abgabefrist für Angebot
	005	Angebot/Anfrage gültig ab
	006	Bindefrist des Angebots (gültig bis)
	007	Abstimmdatum für die Abstimmfortschrittszahl
	008	Erster Fixierungszeitraum

Abbildung 9.10: Qualifier anzeigen – Liste

9.5 Anlage kundeneigener Felder im SAP-Materialstamm

Im SAP-Materialstamm können einige Hundert Felder definiert werden, um die Prozesse in Ihrem Unternehmen zu steuern oder um Informationen zu Materialien bzw. Artikeln zentral abzulegen. Meistens wird nur ein Bruchteil der vorhandenen Felder genutzt, und trotzdem kommt es vor, dass Felder für Ihren Prozess fehlen bzw. die vorhandenen nicht verwendet werden können. In diesem Fall bietet SAP die Möglichkeit, eigene Felder an eine SAP-Tabelle anzuhängen, man spricht hier von einem *Append*. Die Felder können dann in einer Sicht des Materialstamms bearbeitbar gemacht werden. Im Folgenden möchte ich Ihnen Schritt für Schritt zeigen, wie Sie ein Feld an die GRUNDDATENSICHT 1 anhängen und bearbeitbar machen können.

Rufen Sie die Transaktion *SE11* auf, tragen Sie als Tabelle *MARA* ein und wählen Sie ANZEIGEN (siehe Abbildung 9.11).

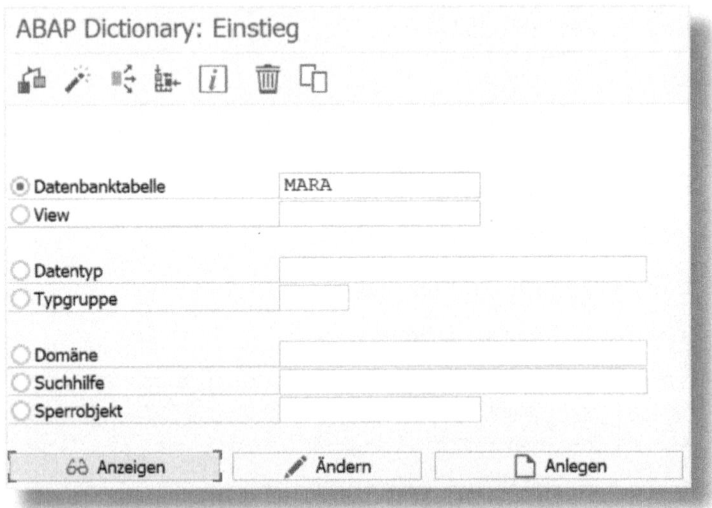

Abbildung 9.11: Append MARA auswählen

Sie erhalten eine Übersicht aller in MARA enthaltenen Felder mit den entsprechenden technischen Informationen. Klicken Sie nun auf die Funktion Append-Struktur... ; das nachfolgende Fenster öffnet sich (siehe Abbildung 9.12). Indem Sie 🗋 auswählen und den Namen Ihrer

Appendstruktur eintragen (siehe Abbildung 9.13), haben Sie eine neue Appendstruktur erzeugt.

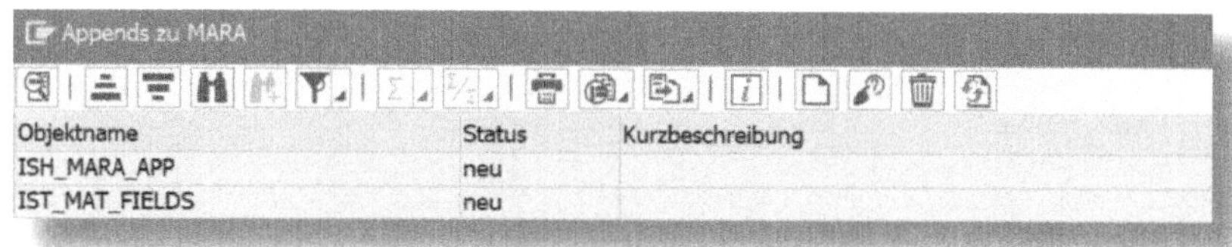

Abbildung 9.12: Append MARA anlegen

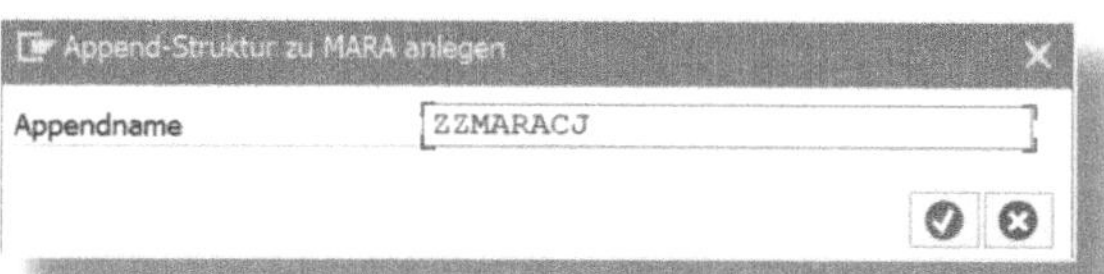

Abbildung 9.13: Append MARA – Namen vergeben

Namen für Append definieren

In SAP steht für Kundenerweiterungen der Namensraum beginnend mit »Z« oder »Y« zur Verfügung. Da es Tabellenfelder gibt, die auch mit »Z« beginnen, wie beispielsweise ZTERM für die Zahlungsbedingungen, empfehle ich Ihnen für Appendfelder die Verwendung von »Y« oder auch »ZZ«.

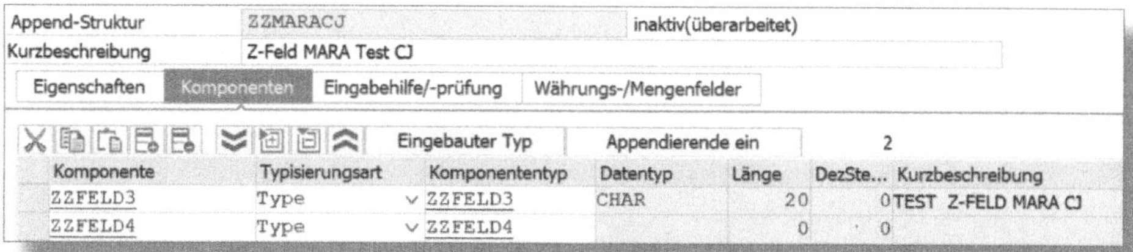

Abbildung 9.14: Append MARA – Feld eintragen

Tragen Sie in der Übersicht oben (siehe Abbildung 9.14) den Feldnamen ein und führen Sie anschließend einen Doppelklick auf ebendiesen in der Spalte KOMPONENTENTYP aus.

Es öffnet sich ein Fenster (siehe Abbildung 9.15) mit der Abfrage, ob Sie den Komponententyp anlegen wollen. Bestätigen Sie mit JA und vergeben Sie die Attribute für das Feld.

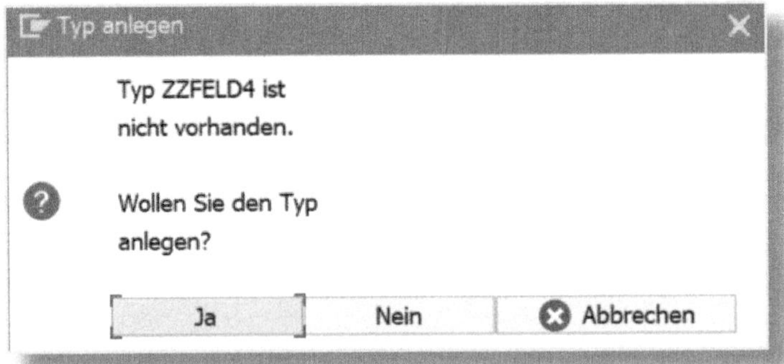

Abbildung 9.15: Append MARA – Komponententyp anlegen

In der nächsten Abfrage müssen Sie sich nun entscheiden, welchen Komponententyp Sie anlegen möchten. Wir wählen in unserem Beispiel den Typ DATENELEMENT (siehe Abbildung 9.16).

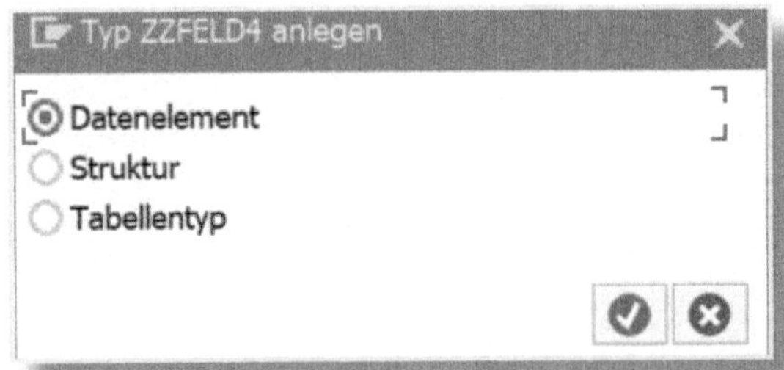

Abbildung 9.16: Append MARA – Komponente anlegen

Vergeben Sie eine KURZBESCHREIBUNG (siehe Abbildung 9.17) für das Feld und ergänzen Sie die FELDBEZEICHNER (siehe Abbildung 9.18) auf der entsprechenden Registerkarte, dann speichern Sie den Eintrag.

Nun werden Sie in einer Abfrage aufgefordert, einen Objektkatalogeintrag anzugeben (siehe Abbildung 9.19). Da ich mich in einem Testsystem ohne Anbindung an ein Produktivsystem bewege, wähle ich LOKALES OBJEKT.

Dokumentation
Datenelement
ZZFELD4
neu(überarbeitet)
Kurzbeschreibung
Testfeld 2 CJ

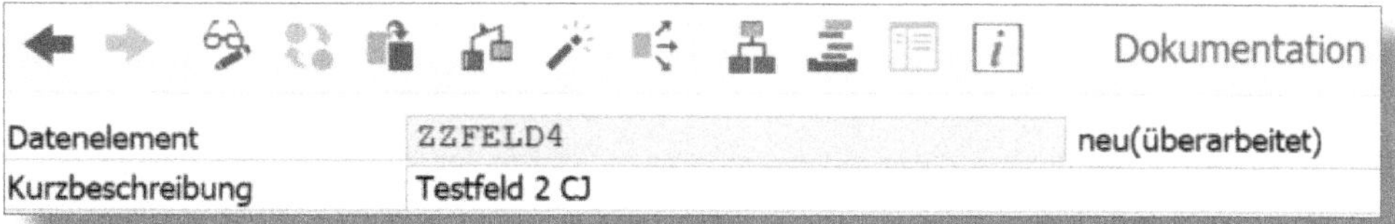

Abbildung 9.17: Append MARA – Kurzbezeichnung

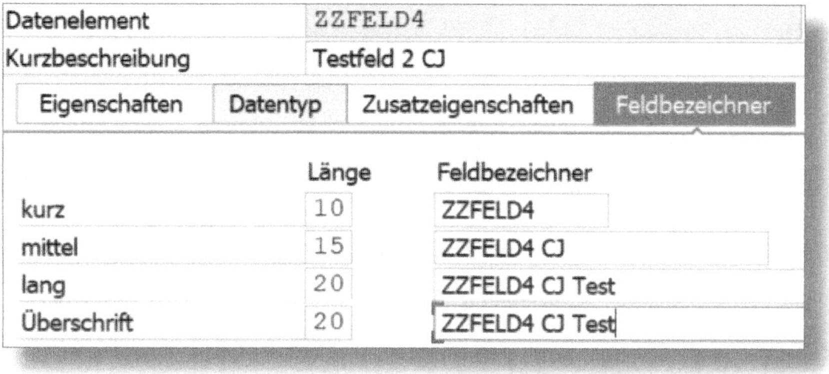

Datenelement
ZZFELD4
Kurzbeschreibung
Testfeld 2 CJ
Eigenschaften
Datentyp
Zusatzeigenschaften
Feldbezeichner
Länge
Feldbezeichner
kurz
10
ZZFELD4
mittel
15
ZZFELD4 CJ
lang
20
ZZFELD4 CJ Test
Überschrift
20
ZZFELD4 CJ Test

Abbildung 9.18: Append MARA – Feldbezeichner vergeben

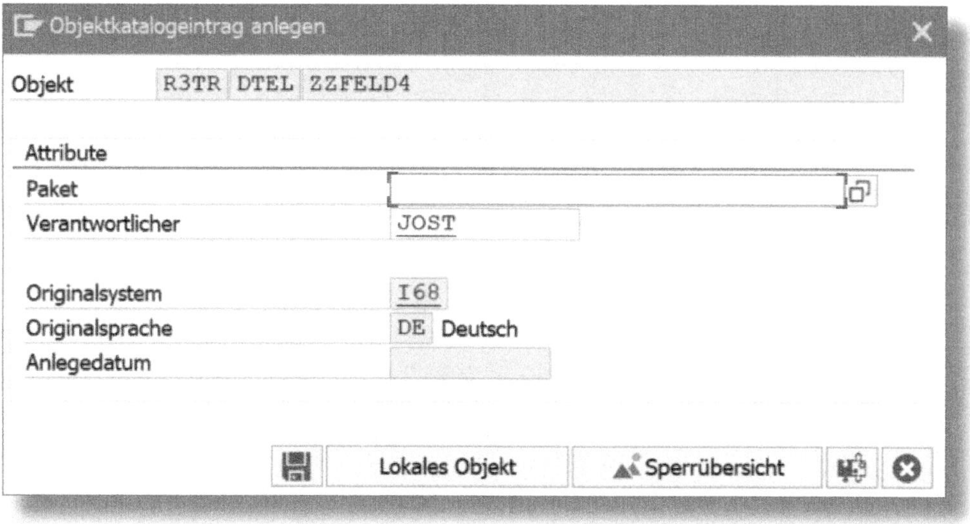

Objektkatalogeintrag anlegen
Objekt
R3TR
DTEL
ZZFELD4
Attribute
Paket
Verantwortlicher
JOST
Originalsystem
I68
Originalsprache
DE
Deutsch
Anlegedatum
Lokales Objekt
Sperrübersicht

Abbildung 9.19: Append MARA – Objektkatalogeintrag

Nun können Sie den Datentyp und die Feldlänge eintragen (siehe Abbildung 9.20). Ich entscheide mich für den DATENTYP *CHAR*. In diesem Fall können Sie sowohl Buchstaben als auch Zahlen für den Feldeintrag verwenden.

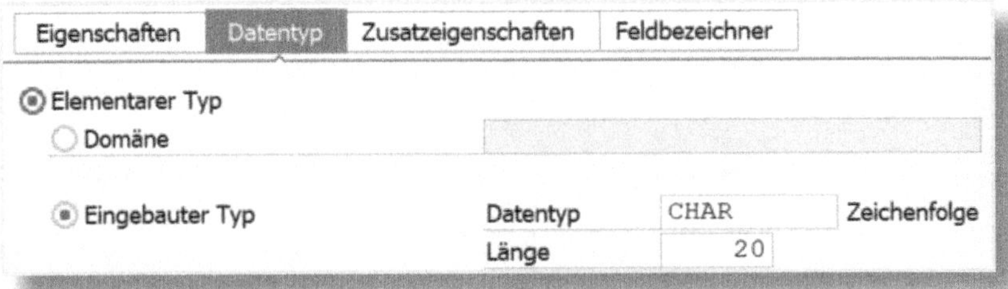

Abbildung 9.20: Append MARA – Datentyp eintragen

Anschließend müssen Sie das Objekt aktivieren. Klicken Sie dazu auf . Wählen Sie unter den Einträgen denjenigen aus, der sich auf das von Ihnen angelegte Feld bezieht (siehe Abbildung 9.21), und bestätigen Sie schlussendlich die Auswahl mit .

Abbildung 9.21: Append MARA – Feld aktivieren

Eine kurze Meldung zeigt, dass die Aktivierung erfolgt ist:

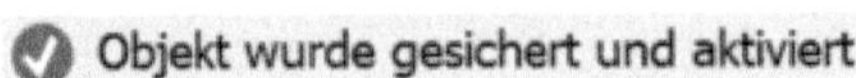

Mit dem grünen Pfeil kehren Sie zur Tabellenübersicht zurück und aktivieren diese zugleich.

Nun müssen wir noch das Coding für das Event *Process before Output (PBO)* und *Process after Input (PAI)* definieren. In Abbildung 9.22 finden Sie das Coding, das zu meinem Beispiel passt.

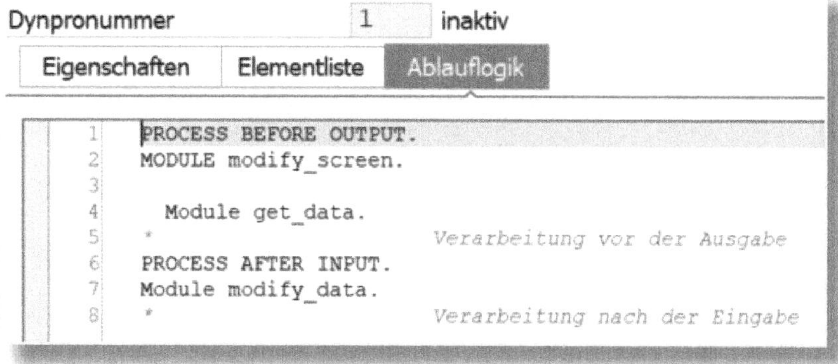

Abbildung 9.22: Append MARA – Coding eingeben

Nach einem Doppelklick auf MODIFY_SCREEN tragen Sie das in Listing 9.1 gezeigte Coding ein.

```
MODULE MODIFY_SCREEN OUTPUT.
  CASE sy-tcode.
    when 'MM03'.
      Loop at screen.
      case screen-group1.
        when 'g1'.
          screen-input = 0.
          Modify Screen.
          Endcase.
          Endloop.
          When 'MM01' or 'MM02'.
            Loop at Screen.
              Case screen-group1.
                When 'G1'.
                screen-input = 1.
                Modify Screen.
                Endcase.
                Endloop.
                Endcase.
```

Listing 9.1: Modify Screen Output

Anschließend ergänzen Sie bei GET_DATA das folgende Coding:

```
Call function 'mara_get_sub'
  Importing
    wmara = mara
    Xmara = *mara
    Ymara = lmara.
ENDMODULE.
```

Bei MODIFY_DATA fügen Sie die Zeilen aus Listing 9.2 ein:

```
MODULE Modify_data INPUT.
  DATA: lv_zzfeld3 type zzfeld3.


  lv_zzfeld3 = mara-zzfeld3.


  Call function 'mara_get_sub'
  IMPORTing
  wmara = mara
  xmara = *mara
  ymara = lmara.


  mara-zzfeld3 = lv_zzfeld3.


  Call function 'mara_set_sub'
EXPORTing
   wmara = mara
```

Listing 9.2: Modify Screen Input

Nun müssen Sie weitere Einstellungen im Customizing vornehmen. Um in ebendieses zu gelangen, verwenden Sie die Transaktion SPRO. Wählen Sie dann LOGISTIK ALLGEMEIN • MATERIALSTAMM • KONFIGURIEREN DES MATERIALSTAMMS • PROGRAMM FÜR BENUTZEREIGENE SUBSCREENS ANLEGEN. In diesem Fall erstellen wir eine Kopie einer bereits bestehenden Funktionsgruppe, hier MDG1. Vergeben Sie einen Namen und sichern Sie den Eintrag (siehe Abbildung 9.23).

SAP-Dokumentation für die Anlage kundeneigener Felder

Im Customizing unter dem Pfad LOGISTIK ALLGEMEIN • MATERIALSTAMM • KONFIGURIEREN DES MATERIALSTAMMS • PROGRAMM FÜR BENUTZEREIGENE SUBSCREENS ANLEGEN finden Sie weitere Informationen, u.a. auch zu den verwendeten Programmen im Materialstamm.

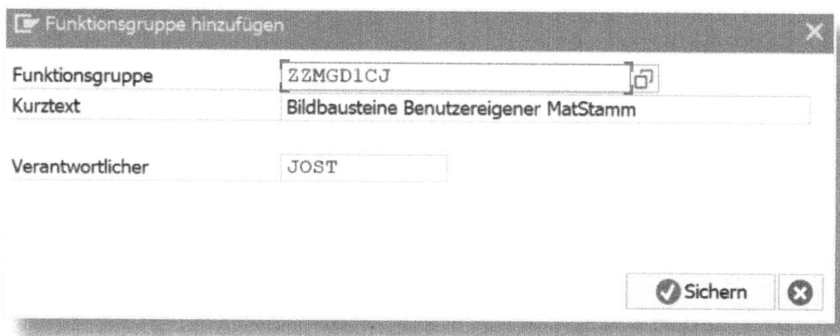

Abbildung 9.23: Append MARA – Funktionsgruppe anlegen

Nun öffnen Sie die Transaktion *SE80* und nehmen die notwendigen Einstellungen zur Anzeige des neuen Felds vor.

Abschließend wählen Sie im Customizing AUFBAU DER DATENBILDER PRO BILDSEQUENZ DEFINIEREN. Alternativ erreichen Sie diese Funktion auch über die Transaktion *OMT3B*.

Transaktionscodes für Customizing-Aktivitäten

Der Pfad zu den Customizing-Aktivitäten ist oft sehr steinig. Es lohnt sich daher, bei Aktivitäten, die Sie häufiger vornehmen, einen Blick in die Menüleiste zu werfen, ob es vielleicht einen Transaktionscode gibt (siehe Abbildung 9.24).

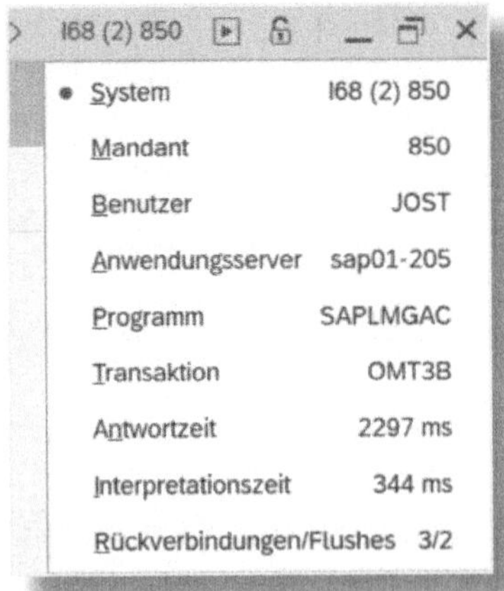

Abbildung 9.24: Transaktionscode für Customizing-Aktivitäten

Markieren Sie die Bildsequenz *21* und wählen Sie in der Dialogstruktur mit einem Doppelklick die Option DATENBILDER (siehe Abbildung 9.25).

Dialogstruktur
- Bildsequenzen
  - Datenbilder
    - Subscreens

Bsq	Bezeichnung Bildsequenz
01	Industrie-Standard
03	Retail-Standard
11	Ind-Standard kurze Bilder
12	Herstellerteile
21	Ind-Std kurz TabStrips
23	Retail-Standard TabStrips
33	Retail-Fashion TabStrips

Abbildung 9.25: Append MARA – Bildsequenz Einstieg

Es öffnet sich die in Abbildung 9.26 gezeigte Ansicht, in der Sie die Bildsequenz *21* mit dem Bild *07* auswählen. Führen Sie dann in der Dialogstruktur einen Doppelklick auf der Option SUBSCREENS aus.

Dialogstruktur
- Bildsequenzen
  - Datenbilder
    - Subscreens

Bsq	Bild	Bildbezeichnung
21	07	Grunddaten 1
21	08	Grunddaten 2
21	09	Vertrieb: VerkaufsorgDaten 1

Abbildung 9.26: Append MARA – Bildsequenz Subscreens

Im nun angezeigten Fenster müssen Sie für den soeben definierten Subscreen die erstellte Funktionsgruppe hinterlegen (siehe Abbildung 9.27).

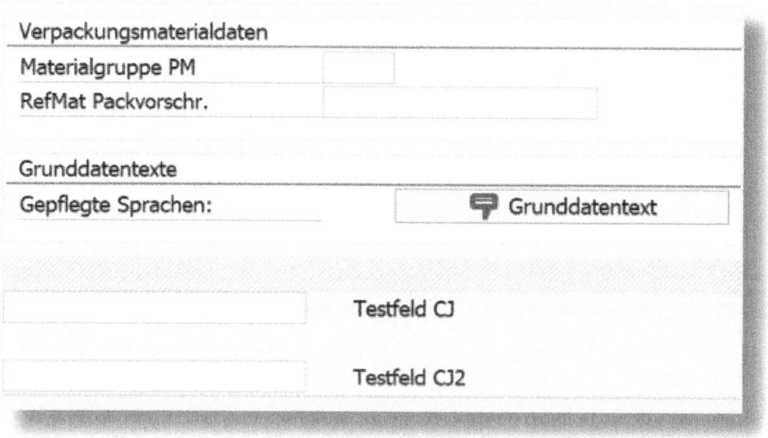

Abbildung 9.27: Append MARA – Subscreen angelegt

9.6 QuickViewer

Mithilfe des QuickViewer können Sie SAP-Tabellen, wie in Microsoft Access, verknüpfen und so eigene Auswertungen erstellen. Dieses Tool unterstützt Sie bei der Ermittlung der Nachrichtenarten und Geschäftspartner, mit denen Sie den elektronischen Datenaustausch implementieren sollten.

Im Folgenden beschreibe ich kurz, wie Sie erste Auswertungen mit dem QuickViewer erstellen können. Für tiefer gehende Informationen empfehle ich Ihnen das Buch »Reporting im SAP-Finanzwesen: Standardberichte, SAP Quickviewer und SAP Query« von Martin Peto und Katrin Klewinghaus (Espresso Tutorials), das neben Standardberichten ausführlich auf den QuickViewer und SAP Query eingeht.

Bevor Sie den QuickViewer mit der Transaktion *SQVI* starten, müssen Sie wissen, in welchen SAP-Tabellen die Informationen enthalten sind, die Sie auswerten möchten. Hier ist Google ein guter Berater, um die entsprechenden Tabellen zu identifizieren. Es gibt diverse Seiten im Internet, die SAP-Tabellen nach Komponenten auflisten.

Stellen wir uns einmal vor, die Kundenauftragsannahme ist aufgrund zahlreicher Aufträge, die täglich eingehen, heillos überlastet. Eine Idee zur Verbesserung der Situation ist die Umstellung der größten Kunden auf EDI, um die Aufträge automatisiert im System zu erfassen.

Da eine derartige EDI-Umstellung immer mit Kosten verbunden ist, möchte der Abteilungsleiter eine Liste mit den Kunden und der Anzahl der Belege im letzten Geschäftsjahr, um abschätzen zu können, wie hoch die zu erwartenden Zeiteinsparungen sind. Hierfür bietet sich der QuickViewer an, der auf schnelle und pragmatische Weise Daten erheben kann.

Wir benötigen allerdings nicht nur die Kundenaufträge, die wir in der Tabelle VBAK finden, sondern auch die Kundenauftragspositionen, da diese entscheidend für den Aufwand sind, der letztendlich auf die Mitarbeiter zukommt. Ein Zugriff auf die Tabelle VBAP ist also zwingend.

Zu diesem Zweck öffnen wir den QuickViewer mit der Transaktion *SQVI* und legen einen neuen QuickView an (siehe Abbildung 9.28).

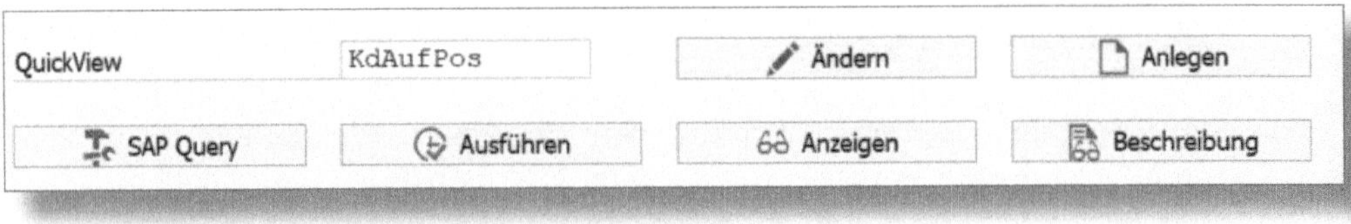

Abbildung 9.28: QuickView anlegen

Nachdem wir gedrückt haben, wird der folgende Bildschirm angezeigt, in den wir die weiteren Informationen zu diesem QuickView eingeben (siehe Abbildung 9.29).

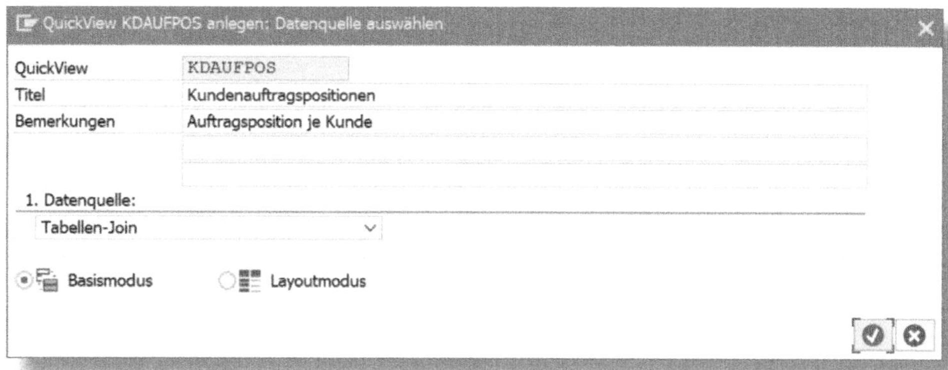

Abbildung 9.29: QuickView – Datenquelle

Da wir in diesem Fall die Daten aus zwei Tabellen lesen möchten, geben wir als Datenquelle keine einzelne Tabelle ein, sondern wählen aus dem Drop-down-Menü zum Feld 1. DATENQUELLE die Option *Tabellen-Join* und bestätigen mit .

In dem sich nun öffnenden Fenster müssen Sie die Tabellen einfügen, die für den QuickView benötigt werden. Durch Anklicken von gelangen Sie zur nächsten Ansicht, in der Sie die TABELLE eintragen (-siehe Abbildung 9.30).

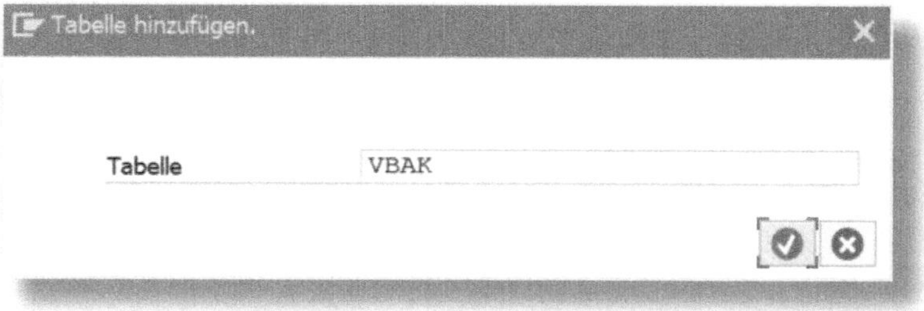

Abbildung 9.30: QuickView – Tabelle hinzufügen

Diesen Schritt wiederholen wir für die Tabelle VBAP, um sie ebenfalls zum QuickView hinzuzufügen. Wir erhalten die folgende Ansicht, in der die entsprechenden Felder bereits verknüpft sind (siehe Abbildung 9.31).

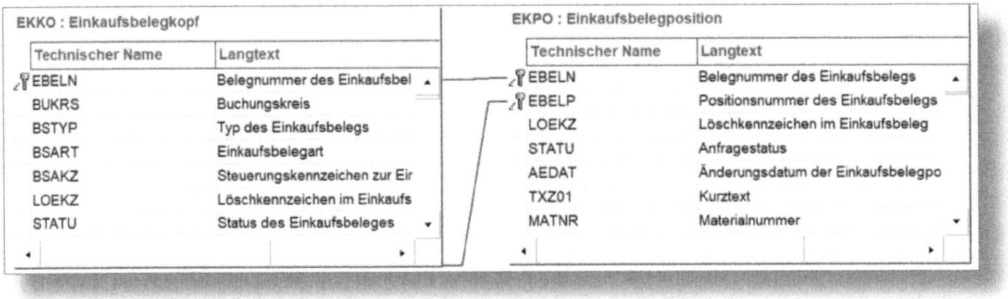

EKKO : Einkaufsbelegkopf

Technischer Name	Langtext
EBELN	Belegnummer des Einkaufsbel
BUKRS	Buchungskreis
BSTYP	Typ des Einkaufsbelegs
BSART	Einkaufsbelegart
BSAKZ	Steuerungskennzeichen zur Eir
LOEKZ	Löschkennzeichen im Einkaufs
STATU	Status des Einkaufsbeleges

EKPO : Einkaufsbelegposition

Technischer Name	Langtext
EBELN	Belegnummer des Einkaufsbelegs
EBELP	Positionsnummer des Einkaufsbelegs
LOEKZ	Löschkennzeichen im Einkaufsbeleg
STATU	Anfragestatus
AEDAT	Änderungsdatum der Einkaufsbelegpo
TXZ01	Kurztext
MATNR	Materialnummer

Abbildung 9.31: QuickView – Tabellenverknüpfung

Die Standardverknüpfung besagt, dass alle Felder der linken Tabelle, die eine Entsprechung in der rechten haben, im QuickView angezeigt werden. Es besteht zudem die Möglichkeit, durch einen Rechtsklick auf die Verknüpfung einen *Left Outer Join* zu definieren, der besagt, dass alle Felder aus der linken sowie die Felder aus der rechten Tabelle enthalten sind. In unserem Fall hat das SAP-System automatisch eine Verbindung über den Verkaufsbeleg erzeugt, und wir kehren mit « zurück zur Übersicht.

Die Übersicht gliedert sich in zwei Bereiche: Im linken sind die Tabellen aufgelistet, die wir zuvor ausgewählt haben (siehe Abbildung 9.32). Wir klappen die Ansicht auf und erhalten eine Liste aller Felder, die in diesen Tabellen enthalten sind.

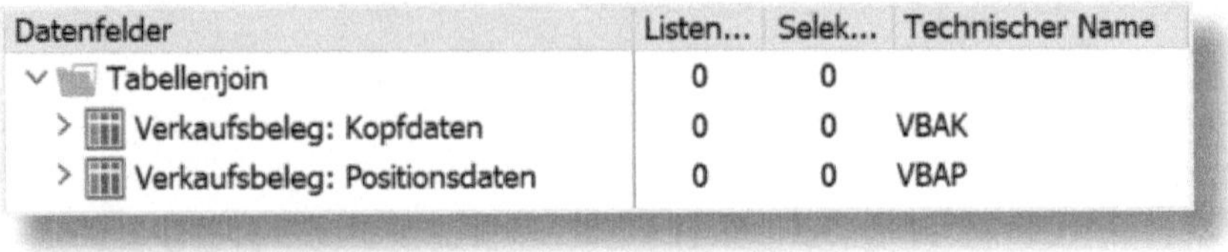

Datenfelder	Listen...	Selek...	Technischer Name
Tabellenjoin	0	0	
Verkaufsbeleg: Kopfdaten	0	0	VBAK
Verkaufsbeleg: Positionsdaten	0	0	VBAP

Abbildung 9.32: QuickView – Tabellenübersicht

Wir müssen uns nun entscheiden, welche Felder wir für die Auswertung benötigen und welche Felder wir für die Selektion nutzen wollen, um ein aussagekräftiges Ergebnis zu erhalten. Wir klicken also je Feld die entsprechende Checkbox an und können nun auf der rechten Seite sehen, welche Listen- und welche Selektionsfelder wir bereits definiert haben (siehe Abbildung 9.33 und Abbildung 9.34).

Felder der Liste

Nr.	Zeile	Feldbezeichnung
1	1	Verkaufsbeleg
2	1	Datum, an dem der Satz hinzugefügt wurde
3	1	Name des Sachbearbeiters, der das Objekt hinz
4	1	Vertriebsweg
5	1	Sparte
6	1	Verkaufsorganisation
7	1	Auftraggeber
8	1	Verkaufsbelegposition
9	1	Materialnummer

Abbildung 9.33: QuickView – Listenfelder

Selektionsfelder

Nr.	L...	Feldbezeichnung
1		Datum, an dem der Satz hinzugefügt wurde
2		Name des Sachbearbeiters, der das Objekt hinzugef
3		Verkaufsorganisation
4		Auftraggeber

Abbildung 9.34: QuickView – Selektionsfelder

Mit den Buttons neben der Feldliste können Sie die Position der Felder nach oben ▲ oder nach unten ▼ verschieben, aber auch Felder aus der Liste löschen oder hinzufügen. Nun wählen wir, die Selektionsmaske öffnet sich (siehe Abbildung 9.35).

Berichtsspezifische Selektionen

Datum, an dem der Satz hinzuge	01.01.2018	bis	31.12.2018
Name des Sachbearbeiters, der		bis	
Verkaufsorganisation	1000	bis	
Auftraggeber		bis	

Abbildung 9.35: QuickView ausführen – Selektion

Wenn wir jetzt noch einmal die Drucktaste für die Ausführung betätigen, erhalten wir eine Liste aller Kundenauftragspositionen der Verkaufsorganisation *1000* aus dem Jahr *2018* (siehe Abbildung 9.36).

Kundenauftragspositionen

Kundenauftragspositionen

Verkaufsb.	Angel.am	Angel.von	VWeg	SP	VkOrg	Auftr.geb.	Pos	Material
12302	17.03.2018	FAHRNSCHON	10	00	1000	1171	000010	R-F111
12303	08.05.2018	MUNZEL	10	00	1000	1000	000010	P-501
12304	09.05.2018	MUNZEL	10	00	1000	1000	000010	P-501
12305	09.05.2018	MUNZEL	10	00	1000	1000	000010	P-501
12306	09.05.2018	MUNZEL	10	00	1000	1000	000010	P-501
12307	09.05.2018	MUNZEL	10	00	1000	1000	000010	P-501
12308	01.06.2018	MUNZEL	10	00	1000	1000	000010	P-100

Abbildung 9.36: QuickView ausführen – Ergebnis

Diese Liste können Sie nun wie gewohnt nach Excel exportieren  und dort weiterbearbeiten.

QuickViewer und SAP Query

Der QuickView steht immer nur demjenigen Mitarbeiter zur Verfügung, der ihn angelegt hat. Eine Query in SAP Query hingegen kann für einen Mandanten oder mandantenübergreifend angelegt werden. Insgesamt bietet SAP Query weitere Funktionen, die der QuickViewer nicht beinhaltet.

Jobeinplanung

Mit SAP Query können Jobs eingeplant werden, für den QuickView gilt dies nicht. Wenn Sie also regelmäßig Auswertungen erstellen möchten, ohne diese manuell anzustoßen, ist SAP Query das passende Werkzeug für Sie.

9.7 SAP-Verknüpfungen

In Abschnitt 6.5 verweise ich auf die Erstellung einer Verknüpfung in einem modifizierten IDoc, um eine Änderung nachvollziehbar zu dokumentieren. Wenn Sie in einer SAP-Anwendung drücken, erhalten Sie die folgende Auswahl (siehe Abbildung 9.37).

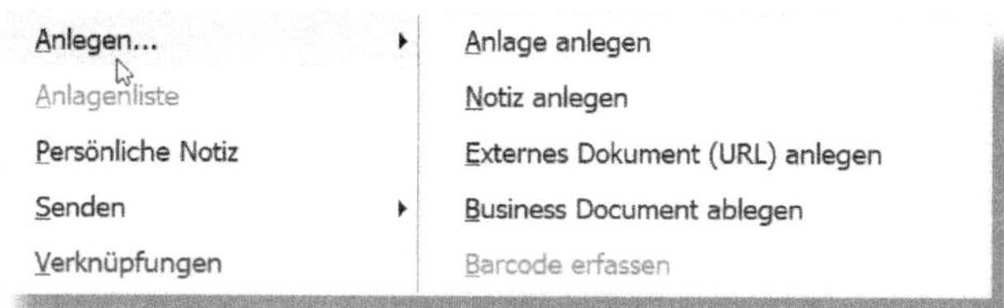

Abbildung 9.37: SAP-Verknüpfung anlegen

Wenn Sie die Option ANLAGE ANLEGEN auswählen, wird das Fenster geöffnet, mit dem Sie die gewünschte Anlage auswählen können (siehe Abbildung 9.38).

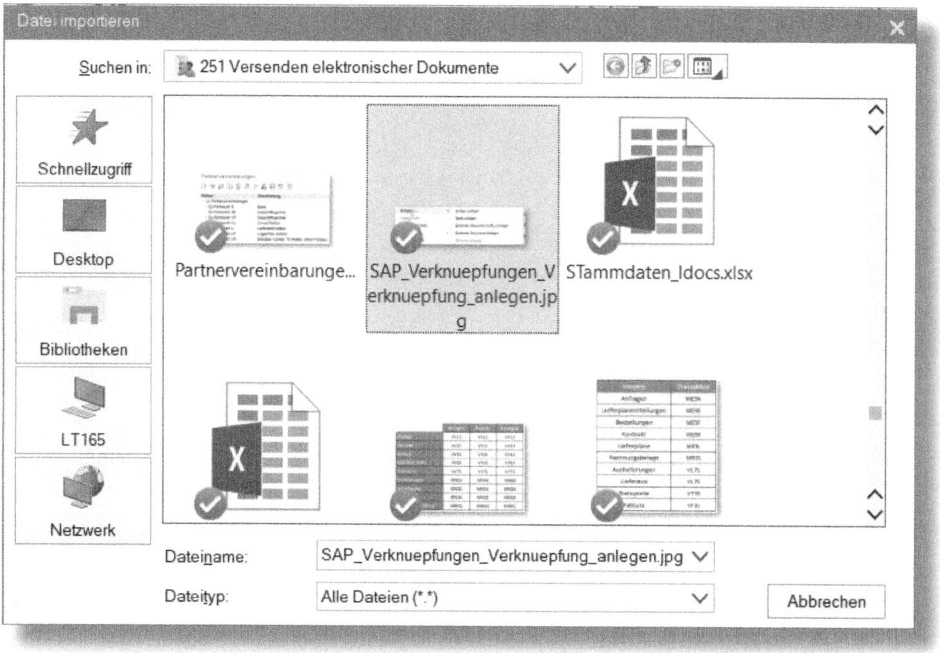

Abbildung 9.38: SAP-Verknüpfung – Anlage auswählen

Markieren Sie eine beliebige Anlage und bestätigen Sie die Auswahl. Wenn Sie anschließend über den Button VERKNÜPFUNGEN die Anlagenliste aufrufen, werden alle Anlagen zu dieser Bestellung angezeigt (siehe Abbildung 9.39).

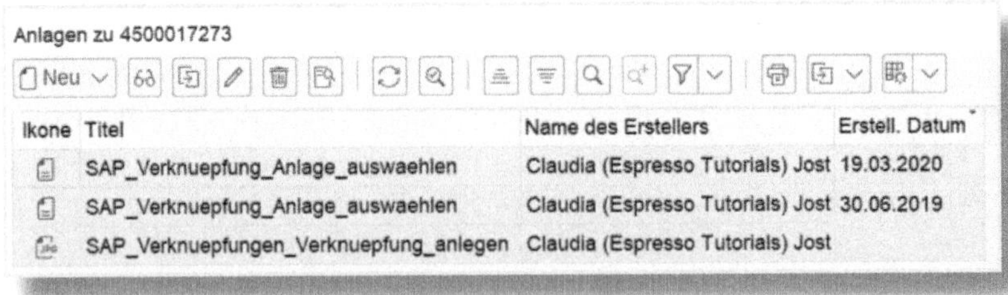
Anlagen zu 4500017273

Ikone	Titel	Name des Erstellers	Erstell. Datum
	SAP_Verknuepfung_Anlage_auswaehlen	Claudia (Espresso Tutorials) Jost	19.03.2020
	SAP_Verknuepfung_Anlage_auswaehlen	Claudia (Espresso Tutorials) Jost	30.06.2019
	SAP_Verknuepfungen_Verknuepfung_anlegen	Claudia (Espresso Tutorials) Jost	

Abbildung 9.39: SAP-Verknüpfung – Anlagenliste

Über diese Funktion können Sie verschiedene Dokumente zu einem Vorgang ablegen. Das kann ganz Unterschiedliches sein, so z. B. eine Zeichnung, wenn Sie beispielsweise eine Spezialanfertigung bestellen, oder ein Screenshot aus dem E-Mail-Verkehr mit einem Kunden, der sich auf den Auftrag bezieht. Auf diese Weise haben Sie die Möglichkeit, wichtige Informationen zu einem Vorgang für alle, die eine Zugangsberechtigung haben, zentral abzulegen. Diese Arbeit ist langfristig lohnend, da auf diese Weise der Aufwand für die Suche nach relevanten Informationen reduziert wird. Gleichzeitig sind alle Informationen verfügbar, falls ein Kollege ungeplant ausfällt.

Über Verknüpfungen können Sie sich außerdem die IDocs zu einem Vorgang anzeigen lassen (siehe Abbildung 9.40).

Verknüpfungen zu 4500017273

Rolle	Belegart	Beschreibung	Datum	Zeit
Ausgangs-IDoc	IDoc	IDoc: 0000000000805746 Nachrichtentyp: ORDERS	30.06.2019	09:46:01
	IDoc	IDoc: 0000000000803745 Nachrichtentyp: ORDERS	20.11.2017	08:38:41

Abbildung 9.40: SAP-Verknüpfung IDocs

Durch einen Doppelklick auf BESCHREIBUNG gelangen Sie direkt in das IDoc.

9.8 Business-Workplace-Verteilerlisten anlegen

Wie zuvor bereits erwähnt, hat sich in den Unternehmen, in denen ich bisher tätig war, die Nutzung des Business Workplace noch nicht durchgesetzt. Die allermeisten Kollegen arbeiten mit E-Mail-Programmen. Wenn Sie aber einen Job angelegt haben und die Ergebnisse mehr als einem Empfänger zusenden wollen, müssen Sie über Business Workplace eine Verteilerliste anlegen. Im Einstiegsbild von SAP klicken Sie auf . Hier finden Sie den Button Verteilerlisten. Wählen Sie nun , um eine neue Verteilerliste zu erzeugen. Nun definieren Sie zuerst die EIGENSCHAFTEN dieser Verteilerliste (siehe Abbildung 9.41).

Abbildung 9.41: Verteilerliste – Eigenschaften

Zu diesem Zweck müssen Sie auch eine Mappe auswählen, damit die Dokumente abgelegt werden können. Wenn Sie für eine Verteilerliste eine spezielle Mappe anlegen möchten, wählen Sie zunächst die F1-Hilfe zur MAPPE und anschließend **Mappe anlegen**. Sie können in dem angezeigten Fenster nun die entsprechenden Einstellungen vornehmen (siehe Abbildung 9.42).

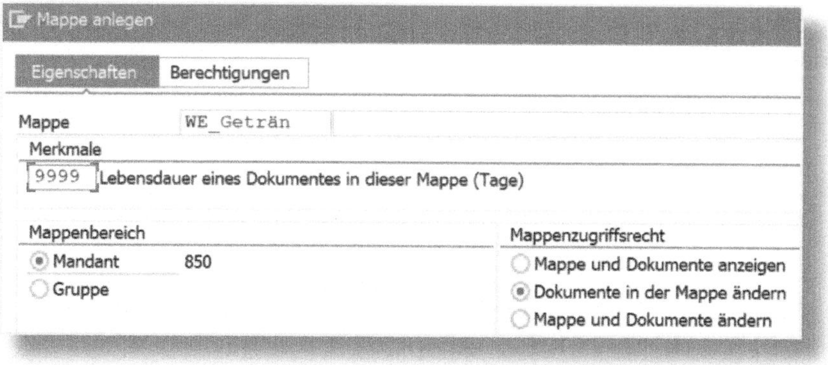

Abbildung 9.42: Verteilerlisten – Mappe anlegen

Achten Sie beim Anlegen der Mappe darauf, dass Sie einen Namen verwenden, der Ihnen bei der späteren Suchen auch wieder einfällt und den Sie z. B. für verschiedene Mappen nur leicht modifizieren müssen. Sie müssen sich an dieser Stelle auch entscheiden, ob diese Mappe und damit die Verteilerlisten in ebendieser nur für eine bestimmte Personengruppen verfügbar sein soll, also für Personen, die Sie unter BERECHTIGUNGEN definieren, oder für alle Mitarbeiter im Unternehmen einsehbar sein muss. Ebenfalls müssen Sie festlegen, welche Zugriffsrechte gültig sein sollen.

Wenn Sie die Mappe angelegt haben, können Sie diese auswählen, um die Verteilerliste abzulegen. Anschließend müssen Sie den VERTEILERLISTENINHALT benennen, also die Personen oder Benutzer, die die Informationen erhalten sollen (siehe Abbildung 9.43).

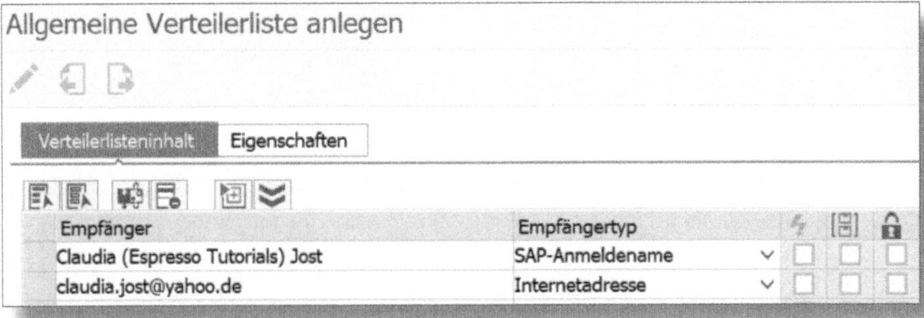

Abbildung 9.43: Verteilerliste – Empfänger

Sie können hier verschiedene Empfänger eintragen, denen die Spoollisten über unterschiedliche Kanäle zugesendet werden. So erhält ein Empfänger vom Typ SAP-ANMELDENAME die Spoolliste im Eingangskorb des Business Workplace, der Empfängertyp INTERNETADRESSE bekommt eine E-Mail. Die zur Verfügung stehenden Empfängertypen finden Sie in der folgenden Ansicht (siehe Abbildung 9.44).

Sie können über die Kennzeichen neben den Empfängertypen außerdem noch festlegen, ob die Nachricht z. B. als Express-E-Mail weitergeleitet werden soll. In diesem Fall wird beim Eingang der Nachricht ein Dialogfenster geöffnet, von dem aus der Empfänger direkt in die Nachricht springen kann. Sie können die Nachricht auch als Kopie oder als geheime Kopie kennzeichnen. Das Versenden einer geheimen Kopie funktioniert wie dasjenige einer E-Mail an einen Verteilerkreis mit BCC – die E-Mail-Empfänger wissen voneinander nicht, dass ihnen die E-Mail zugeschickt wurde.

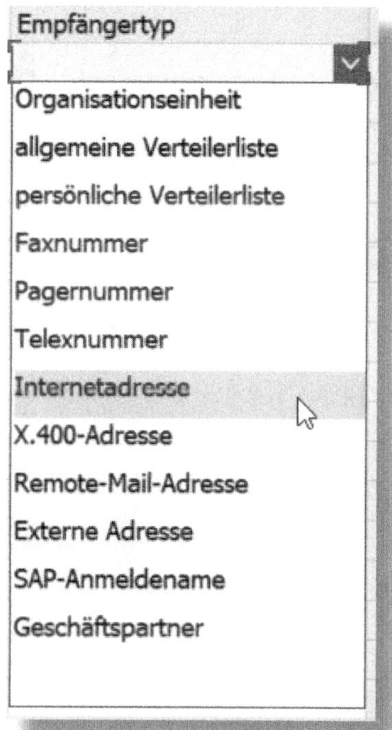

Abbildung 9.44: Verteilerliste – Empfängertypen

10 Fazit

Mit diesem Buch möchte ich Ihnen einen kleinen Einblick in den elektronischen Datenverkehr geben. Es erhebt keinen Anspruch auf Vollständigkeit, dazu ist das Thema zu komplex, aber Sie finden Anregungen, wo Sie im Fehlerfall suchen müssen, und Hinweise, wie Sie den elektronischen Datenverkehr so gestalten können, dass er Ihnen im Tagesgeschäft keine Probleme bereitet, sondern das tut, was er tun soll, nämlich Routinearbeiten reduzieren und im besten Fall komplett eliminieren.

Ebenso möchte ich Ihnen mit diesem Buch dazu verhelfen, die Techniker besser zu verstehen, und Sie in die Lage versetzen, den Aufwand für z.B. die Einführung einer neuen Nachrichtenart eigenständig einschätzen zu können.

Sie finden im vorliegenden Text ferner Hinweise, Ideen und Tipps, die zwar mit der Information von Geschäftspartnern und Kollegen zu tun haben, aber nicht originär aus einem IDoc bestehen. In manchen Fällen kann Ihnen dies helfen, eine Wartezeit zu überbrücken oder alternative Lösungen zu nutzen, die Sie selbsttätig organisieren können.

Sie haben das Buch gelesen und sind mit unserem Werk zufrieden? Bitte schreiben Sie uns eine Rezension!

Unser Newsletter

Bleiben Sie stets informiert!

Aktuelle Neuerscheinungen und exklusive Rabattaktionen einmal im Monat per Mail direkt an Sie:

Melden Sie sich noch heute an unter *http://newsletter.espresso-tutorials.de*.

A Die Autorin

Claudia Jost war 15 Jahre im Bereich Prozessdesign tätig. In dieser Zeit zählte zu ihren Schwerpunkten die Gestaltung von Prozessen mit externen Geschäftspartnern – zum einen mit Fokus auf Beschaffungsprozessen, zum anderen mit Schwerpunkt auf der Abbildung dieser Prozesse in SAP. Dabei gehörten die elektronische Anbindung per EDI und die Optimierung von internen Geschäftsprozessen auf der Basis von SAP-Standardanwendungen ebenfalls zu ihren Aufgaben. Im Rahmen der Neugestaltung des EMS-Prozesses war sie verantwortlich für die Einbindung des gesamten Ablaufs in SAP – vom Kundenauftrag über die Fertigung bis hin zur Lieferung.

Heute ist Claudia Jost in der externen SAP-Beratung tätig und betreut SAP-S/4HANA-Einführungsprojekte. Ihre Schwerpunkte liegen dabei im Material Management und im Stammdatenmanagement, immer mit dem Fokus auf der Prozessoptimierung.

Vor ihrer Berufstätigkeit hat Claudia Jost eine Ausbildung zur Augenoptikerin absolviert und anschließend Wirtschaft an der Fachhochschule in Bocholt studiert.

B Index

S

T

U

V

X

C Disclaimer

Die in diesem Werk wiedergegebenen Gebrauchsnamen, Handelsnamen, Warenbezeichnungen usw. können auch ohne besondere Kennzeichnung Marken sein und als solche den gesetzlichen Bestimmungen unterliegen. Sämtliche in diesem Werk abgedruckten Bildschirmabzüge unterliegen dem Urheberrecht der SAP SE, Dietmar-Hopp-Allee 16, 69190 Walldorf.

In dieser Publikation wird auf Produkte der SAP SE Bezug genommen. SAP, R/3, SAP NetWeaver, Duet, PartnerEdge, ByDesign, SAP BusinessObjects Explorer, StreamWork und weitere im Text erwähnte SAP-Produkte und -Dienstleistungen sowie die entsprechenden Logos sind Marken oder eingetragene Marken der SAP SE in Deutschland und anderen Ländern. Business Objects und das Business-Objects-Logo, BusinessObjects, Crystal Reports, Crystal Decisions, Web Intelligence, Xcelsius und andere im Text erwähnte Business-Objects-Produkte und -Dienstleistungen sowie die entsprechenden Logos sind Marken oder eingetragene Marken der Business Objects Software Ltd. Business Objects ist ein Unternehmen der SAP SE. Sybase und Adaptive Server, iAnywhere, Sybase 365, SQL Anywhere und weitere im Text erwähnte Sybase-Produkte und -Dienstleistungen sowie die entsprechenden Logos sind Marken oder eingetragene Marken der Sybase Inc. Sybase ist ein Unternehmen der SAP SE. Alle anderen Namen von Produkten und Dienstleistungen sind Marken der jeweiligen Firmen. Die Angaben im Text sind unverbindlich und dienen lediglich zu Informationszwecken. Produkte können länderspezifische Unterschiede aufweisen.

Der SAP-Konzern übernimmt keinerlei Haftung oder Garantie für Fehler oder Unvollständigkeiten in dieser Publikation. Der SAP-Konzern steht lediglich für SAP-Produkte und -Dienstleistungen nach der Maßgabe ein, die in der Vereinbarung über die jeweiligen Produkte und Dienstleistungen ausdrücklich geregelt ist. Aus den in dieser Publikation enthaltenen Informationen ergibt sich keine weiterführende Haftung.

Weitere Bücher von Espresso Tutorials

Jürgen Noe:

Schnelleinstieg in den SAP® Query Designer mit Eclipse

- Installation der neuen BW Modeling Tools (BW-MT)
- Integration mit SAP HANA Views
- Arbeiten Sie mit Filtern und berechneten Kennzahlen
- Abwärtskompatibilität und Einschränkungen

http://5159.espresso-tutorials.de

Rüdiger Deppe:

Schnelleinstieg in SAP® ABAP Objects

- ABAP Objects verständlich erklärt
- ABAP OO Programme planen, konzipieren und realisieren
- zahlreiche Übungsprogramme und SAP-Screenshots
- ABAP OO-Klassen und deren Objektverarbeitung

http://5094.espresso-tutorials.com

Dr. Boris Rubarth:

Schnittstellenprogrammierung in SAP® ABAP

- Überblick über klassische SAP-ABAP-Schnittstellentechniken
- Remote Function Call (RFC) und BAPIs
- IDoc und ALE für System-System-Kommunikation
- Einsatz von Remote Function Module (RFM) und BAPIs in SAP S/4HANA

http://5361.espresso-tutorials.de